国家电网有限公司
STATE GRID
CORPORATION OF CHINA

EV 电动汽车充换电设施建设运营问答丛书

电动汽车充换电服务管理

国家电网有限公司营销部 编

中国电力出版社
CHINA ELECTRIC POWER PRESS

内容提要

本书为国家电网有限公司电动汽车充换电设施建设运营问答丛书之一。

本书分为四章，第一章为充换电客户服务，介绍了客户用卡须知和充电现场服务等内容；第二章为充换电营业服务，介绍了营业充电卡服务、收费账务、充电卡操作记录查询及充换电设施用电报装服务等内容；第三章为充换电交易结算服务，介绍了充电电价政策、抄核收服务及清分结算服务等内容；第四章为充换电线上服务，介绍了手机客户端服务和e充电网站服务等内容。

本书适用国家电网有限公司下属单位从事电动汽车充换电服务网络建设运营的市场营销人员、客服人员、营业人员等相关人员使用。

图书在版编目（CIP）数据

电动汽车充换电服务管理 / 国家电网有限公司营销部编 . — 北京 : 中国电力出版社，2018.4 （2018.10重印）

（国家电网有限公司电动汽车充换电设施建设运营问答丛书）

ISBN 978-7-5198-1819-7

Ⅰ. ①电… Ⅱ. ①国… Ⅲ. ①电动汽车－充电－商业服务－中国－问题解答 Ⅳ. ① U469.72-44 ② TM910.6-44

中国版本图书馆 CIP 数据核字 (2018) 第 043164 号

出版发行：中国电力出版社
地　　址：北京市东城区北京站西街 19 号（邮政编码 100005）
网　　址：http://www.cepp.sgcc.com.cn
责任编辑：杨敏群（010-63412531）
责任校对：马　宁
装帧设计：赵姗姗　东方文墨
责任印制：蔺义舟

印　刷：北京瑞禾彩色印刷有限公司
版　次：2018 年 4 月第一版
印　次：2018 年10月北京第二次印刷
开　本：880 毫米 ×1230 毫米 32 开本
印　张：3.875
字　数：90 千字
定　价：22.00 元

编写组

组　　长	谢永胜	沈建新		
副 组 长	朱　炯	贾俊国	武　斌	陈　枫
成　　员	马建伟	李晓强	郑正仙	罗伟明
	江　明	戴咏夏	戚佳金	张鹏飞
	陈子豪	寇英刚	许庆强	杜成刚
	李　荣	冯杰波	张　杨	巴　宇
	李顺超	邵　楠		

前 言

加快发展电动汽车是党中央、国务院作出的重大决策部署，对于推动能源生产与消费革命，落实供给侧结构性改革、发展战略性新兴产业，具有十分重大的意义，是打赢蓝天保卫战、让人民生活更美好的重要保障。近年来，国家电网有限公司全面贯彻党中央、国务院决策部署，主动承担央企责任，加强充换电设施配套电网建设，建成全球覆盖范围最广、接入充电桩数量最多的智慧车联网平台，创新建立了具有自主知识产权、技术领先的中国充换电标准体系，规范和引领我国充换电设施快速发展。截至2017年底，累计建成充换电站6000余座、充电桩5.6万台，建成“九纵九横两环”高速快充网络，有力促进了我国电动汽车产业发展。

随着电动汽车充换电服务网络规模快速增长，对充换电设施建设运营工作提出了更高要求。为进一步提升充换电设施建设运营水平，国家电网有限公司营销部组织国网北京、天津、河北、冀北、山东、上海、江苏、浙江、福建、湖北、四川电力公司，国网电动汽车公司、南瑞集团、许继集团等单位及有关专家，总结建设运营实践经验，针对实际工作中经常遇到的问题，编写了“电动汽车充换电设施建设运营问答丛书”。本丛书共分4册，分别为《电动汽车充换电设施建设管理》《电动汽车充换电设施运维管理》《电动汽车充换电服务管理》和《电动汽车充换电关键技术》，希望能够对从事充换电设施建设运营工作的相关人员提供有益的参考。

本书为《电动汽车充换电服务管理》，共分为四章：第一章充换电客户服务，主要介绍客户用卡须知和充电现场服务；第二章充换电营业业务，主要介绍营业充电卡服务、收费账务、充电卡操作记录查询、充换电设施用电报装服务；第三章充换电交易结算服务，主要介绍充电电价政策、抄核收服务、清分结算服务；第四章充换电线上服务，主要介绍手机客户端服务和e充电网站服务。

鉴于时间和水平所限，本书疏漏之处在所难免，恳请读者批评指正。

编者

2018年4月

目　录

第二章　充换电营业服务

第四章　充换电线上服务

第一章

充换电客户服务

第一节　客户用卡须知

1. 什么是电动汽车充电卡?

电动汽车充电卡（简称“充电卡”）由国网电动汽车服务有限公司统一发行。充电卡在国家电网公司所属的充电设备上使用。充电卡有效期为三年，自办理之日起计算，每次充值后重新计算有效期。充电卡分为实名制充电卡和非实名制充电卡两种，具备充值、充电、消费、冻结、解冻、查询等功能，可反复充值。实名制充电卡可与“e充电”电子账户进行关联。客户应妥善保管自己的充电卡，因转借、转让、遗失而产生的一切损失由持卡人本人承担。电动汽车充电卡如图1-1所示。

国家电网
STATE GRID
电动汽车充电卡
8888888888888888
你用电 我用心
Your Power Our Care
使用说明
1.此卡由国家电网公司统一发行,在所属指定充电站使用。
2.持卡人需按国家电网公司电动汽车充电卡有关规定使用。
3.此卡请勿折叠,污损,远离高温环境。
4.此卡有效期三年,请妥善保管。
95598

（a）　　　　　　　　　　（b）

图1-1　电动汽车充电卡

（a）正面；（b）背面

2. 客户办理充电卡开卡需要准备什么资料?

客户可以分为个人客户和集团客户。

集团客户主要常见的有公共交通公司、市政部门、环卫部门、物流公司、出租车公司以及分时租赁公司等。

办理实名制充电卡时，个人客户应提供本人身份证或护照原件（港澳台同胞需提供来往大陆通行证）；集团客户应提供加盖公章的营业执照及法人代表身份证复印件，如为代理人办理，还需提供授权委托书及代理人身份证原件。所有证件均须核验并扫描上传车联网平台。

办理非实名制充电卡时，无须提供任何证件。

3. 客户办理充电卡挂失和补卡需要准备什么资料？

车联网业务中，如实名制充电卡丢失，客户可申请办理挂失。客户可以通过拨打95598电力客户服务热线或在营业厅进行充电卡挂失和解挂，挂失10日后可进行补卡操作，补卡时需持与原卡相一致的有效证件去营业厅办理补卡业务。挂失的充电卡可在10日内进行解挂。

4. 客户办理充电卡销卡需要准备什么资料？

实名制充电卡办理销卡退费业务，销卡时，客户需出示与原卡相一致的有效证件，并提供本人银行借记卡账户信息（户名、卡号、开卡银行）和联系电话。原卡有灰锁记录的应先完成解灰操作。销卡后，作废充电卡由营业网点暂存，由国网电动汽车服务有限公司统一回收销毁。客户办理的销卡退费业务自受理之日起15个工作日内，清算后的卡内余额将通过网银转账方式存入客户银行借记卡账户中。营业网点应严格执行“收支两条线”制度，不允许坐支现金。

5. 客户办理充电卡换卡需要准备什么资料？

营业厅工作人员可为实名制充电卡客户办理换卡业务。换卡时，客户需出示与原卡相一致的有效证件。原卡有灰锁记录的应先完成解灰操作。若是将非实名制充电卡换成实名制充电卡，客户需持充电卡和个人有效身份证件到营业厅去办理实名认证业务。

6. 客户如何变更充电卡上的信息？

车联网业务中，营业厅工作人员可根据卡号、客户名、手机号、卡状态等信息查询充电卡信息。个人客户或企业客户若需要变更实名制信息，可持充电卡和与原卡相一致的有效证件到营业厅去变更实名制信息。客户可变更手机号和身份证件扫描上传件，不可变更用户名和客户身份证号。

7. 充电卡有哪些充值方式？

营业厅工作人员可为客户办理充电卡充值业务，充值方式有现金充值、POS机刷卡、支付宝充值和账户圈存。

8. 客户修改卡密码需要准备哪些资料？

营业厅工作人员可为客户办理密码修改和密码重置业务，重置密码时，需要提供实名制认证信息，修改密码时需要输入原密码。

第二节 充电现场服务

9. 电动汽车充电过程中要停止充电，如何操作？

正在充电的充电桩显示屏上会显示“停止充电”按钮，客户点击该按钮后，系统会计算出相应的费用，有充电卡的客户输入充电卡密码进行结算，无充电卡的客户输入支付密码进行结算。

10. 如果充电卡被锁，客户该如何处理？

客户充电时由于未完成结算操作或直接拔充电卡等造成充电卡被锁，可到营业厅办理充电卡解锁业务。解锁时，客户须提供与原办理实名制充电卡相一致的有效证件。

11. 如何确定电动汽车充电已完成？

当电动汽车充电完成时，手机APP会发送消息，提醒客户充电已完成；在充电桩显示屏上，也会显示“充电完成”字样，此时客户可拔出充电枪，结束充电操作。

12. 如遇雷电、大雨等恶劣天气，电动汽车能进行充电吗？

如遇雷电、大雨等恶劣天气，电动汽车是可以进行充电的。但是为保证充电人员和设备的安全，建议先不要充电，等大雨天气过后再进行充电。充电时因空气湿度较大，宜将充电机先接通电源，待机工作一段时间后再开始对电动汽车充电。

13. 私人充电桩如何接入车联网平台？

私人充电桩接入车联网后，客户不仅可以根据车联网平台实时监控了解其充电桩的使用情况，还可以通过充电桩共享收取充电费用。

客户在车联网平台上发出接入申请，车联网平台安排评估人员现场收集设施相关硬件配置（是否具备联网条件、是否能接受平台指令等），对于不符合接入标准的充电设施询问是否同意改造，符合接入标准的充电设施将接入车联网平台。

14. 客户充电过程中遭遇充电桩损坏，或充电时系统显示扣费却充不上电，如何处理？

（1）客户应停止在当前故障充电桩上的充电。

（2）客户可拨打供电服务电话95598进行故障报修。如客户采用的是有卡充电方式，报修时应提供卡号及联系方式；如客户采用的是无卡充电方式（二维码，验证码、账号），报修时应提供相应信息（二维码信息，验证码号、具体账号）和手机号码。

（3）客户可选择充电站内的其他正常充电桩进行解灰、充电。

（4）收到95598的工单，车联网平台核实后，会将客户在故障前的实际所用电量及费用告知客户。对于多收费用，如客户采用的是有卡充电方式，7日后会将多收费用退还客户卡内，客户可到任意营业厅办理（充电桩上无法解灰的，营业厅可强制解灰）；如采用的是无卡充电方式，7日内会将多收费用退还客户账户。

15. 客户在高速公路充电时，发现充电卡故障或卡内余额不足的情况，如何处理？

客户可下载e充电APP，采用充电二维码、充电账户和密码等方式进行充电。如果客户需要马上充电，可以通过手机下载e充电APP软件，然后注册账号充值，并通过充电二维码扫码或者输入充电账户和密码等方式使用充电服务。

第二章

充换电营业服务

第一节 概述

16. 车联网营业厅业务人员如何登录和退出车联网服务平台？

• 登录平台操作

打开IE浏览器，在地址栏输入网址https://adm.echargenet.com，进入车联网服务平台登录界面，如图2-1所示。建议电脑分辨率设置为1024×768或以上。

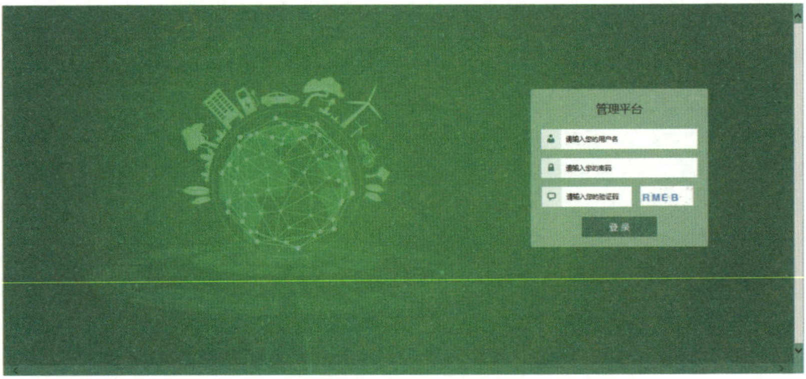

图2-1 车联网服务平台登录界面

正确输入用户名、密码、验证码后点击【登录】按钮，即可登录车联网服务平台主页面，如图2-2所示。

• 退出平台操作

（1）点击图2-2所示页面右上角【退出】按钮，可退出车联网服务平台。

（2）如30分钟内无操作，系统会自动退出车联网服务平台。

图2-2 车联网服务平台主页面

17. 车联网专用电脑如何设置Internet选项?

车联网专用电脑需安装Windows7操作系统及IE10.0浏览器。操作系统要求安装正版杀毒软件并及时更新升级，为保证系统正常使用需要设置IE浏览器，支持最新的SSL和TLS协议，具体设置操作如下：

（1）打开IE浏览器。

（2）查看是否已经显示IE菜单栏，如果没有显示，可以鼠标右键点击IE上部的蓝色边框，勾选【菜单栏】。

（3）依次点击IE浏览器的：工具→Internet选项→高级→设置。

（4）在设置中，将SSL和TLS协议全部勾选上，如图2-3所示。

（5）点击【确定】，重新启动IE浏览器。

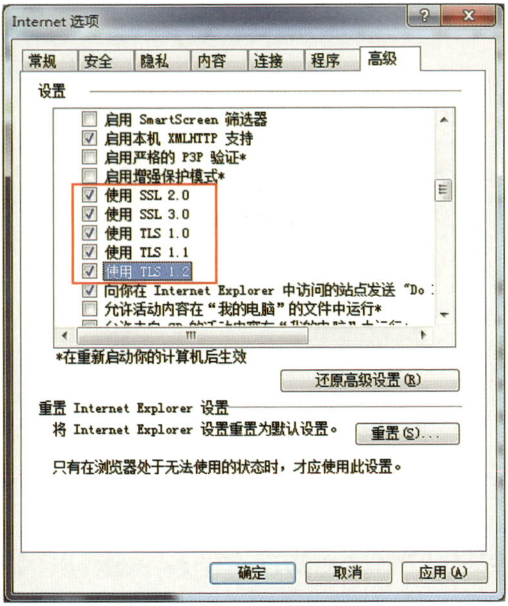

图2-3　IE浏览器设置

18. 如何安装、验证读卡器插件？

● 安装读卡器插件

（1）通过车联网服务平台上的“系统管理—工具下载”菜单，下载电动汽车卡服务程序软件包：ddqc_cardService.exe。

（2）双击软件包，进行解压安装。安装完成后，会在桌面创建一个“电动汽车卡服务程序”快捷项，如图2-4所示。

图2-4　“电动汽车卡服务程序”快捷项

（3）右键点击“电动汽车卡服务程序”快捷项，在弹出的快捷菜单中，右键点击【属性】。如图2-5所示，选中“以管理员身份运行此程序”。

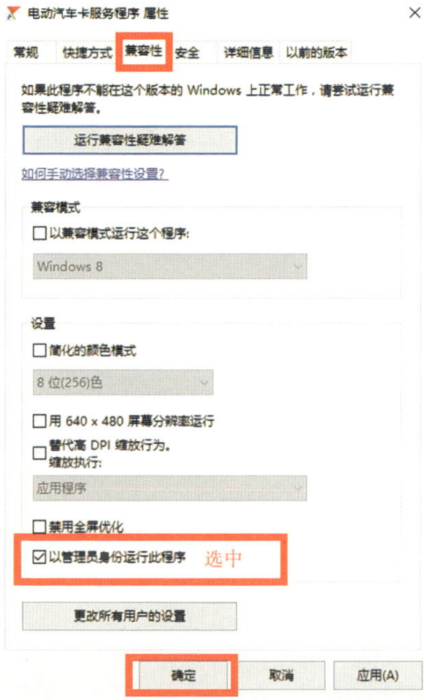

图2-5　电动汽车卡服务程序—属性设置

（4）双击桌面快捷项，运行电动汽车卡服务程序。

（5）软件正常启动后，会自动弹出“卡服务”运行状态页面，如图2-6所示。页面显示软件运行正常时，可关闭浏览器窗口。

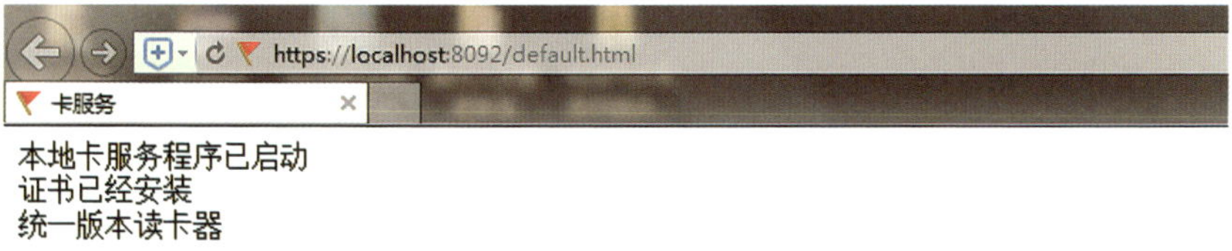

图2-6　“卡服务”运行状态页面

（6）电脑每次开机后，电动汽车卡服务程序会自动运行。

- **读卡器插件安装成功验证**

右键点击电脑桌面“电动汽车卡服务程序”快捷项，单击“打开设备测试工具”，外置设备测试工具。

（1）POS验证测试。打开当前文件夹：ABC\MisTest.exe，填入金额，点击确认按钮，查看POS是否响应命令，校验串口号和波特率是否正确。

（2）读卡器验证。打开当前文件夹：卡测试\CardTest，电脑上插好读卡器，正确放置电卡，点击“读卡卡号”按钮。如能正确读出卡号，说明设备无问题。

19. 车联网咨询工单处理的具体流程是什么？

车联网咨询工单处理的具体流程如下：

（1）95598客服坐席在接到客户请求后，根据车联网知识库对客户进行解答。对于不能一次答复的问题，客服坐席派发此咨询业务工单至车联网平台值班员。

（2）车联网平台值班员在接到95598客服坐席派发工单后受理工单，处理与充电、充值、信息查询等和车联网平台有关的线上咨询工单，或在15分钟内将需地市级单位处理的工单转派至地市巡视管理员。

（3）地市巡视管理员受理工单后，处理并答复咨询工单。

（4）车联网平台值班员或地市巡视管理员提交咨询工单前需要核实问题是否已解决并将处理结果提交回访员进行客户答复回访。

20. 车联网报修工单处理的具体流程是什么？

车联网报修工单处理的具体流程如下：

（1）95598客服坐席在接到客户请求后甄别充电桩是否为检修状态，若是，答复客户充电桩正在检修；若否，派发抢修工单至设施归属地地市的充电设施管理员，工单中需标明客户是否正在现场以及客户报修的故障设备的资产编号或所在站点的名称。

（2）地市充电设施管理员受理工单并及时处理，联系客户详细了解并核实其诉求，转派抢修工单至地市检修员。

（3）地市检修员在接到抢修工单后及时到达现场，进行抢修。

（4）地市检修员完成抢修后，提交工单并向地市充电设施管理员汇报处理结果；不能及时完成抢修的需提交停运工单。

（5）充电设施管理员收到处理结果并确认报修设备已修复或停运，确认后提交报修工单同时写清楚处理结果。

（6）回访员对客户进行回访后办结报修工单。

21. 车联网投诉工单处理的具体流程是什么？

车联网投诉工单处理的具体流程如下：

（1）95598客服坐席接到客户请求后，根据客户诉求将工单进行分类，派发车联网投诉工单至车联网运营负责人。

（2）车联网运营负责人处理计费类投诉工单，回复95598客服坐席，办结线上投诉工单；或派发服务类或其他线下投诉工单至省公司业务负责人。

（3）业务负责人受理运营负责人的转派工单，审核投诉内容，联系客户并跟进处理，办结线下投诉工单。

22. 营业厅工作人员可以提供哪些充电卡服务？

营业厅工作人员可根据客户需求，为客户提供充电卡开卡、实名制充电卡销卡、联机解扣（解灰）、实名制认证、挂失/解挂、补卡、密码管理、密码解锁、实名制信息变更、换卡、充电卡转存等车联网基本业务；同时也可以为充换电设施报装接电提供服务咨询渠道，提供报装办理流程说明、相关政策规定解释、报装工作进度查询等服务，接受客户投诉和故障报修。此外，收费账务权限还包含充值、冲正、解款、到账确认、退费等功能，可提供查询余额、查询发票、申请发票、开具发票、退费等服务。

第二节　营业充电卡服务

23. 地市公司如何申请采购充电卡白卡？

国网电动汽车服务有限公司统一公开发行充电卡，建立充电卡采购、制作、领用、保管机制，指导各省公司办理开卡、充值、销户等业务。省公司组织下属地市公司通过车联网服务平台定期提出用卡需求，国网电动汽车服务有限公司审核后，将充电卡白卡邮寄至地市公司指定地址，地市公司收到卡后通过车联网服务平台予以确认。省公司可通过车联网服务平台管控下属地市公司及县公司充电卡的申领情况。具体申请采购流程如下：

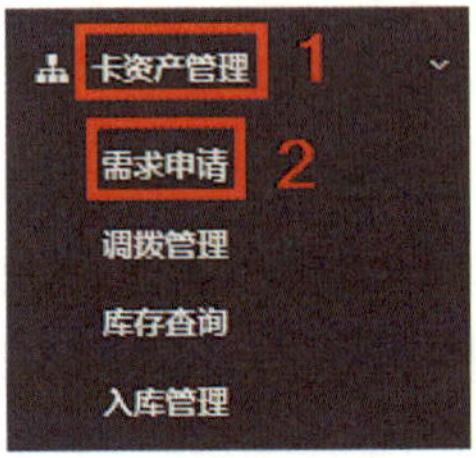

图2-7 【卡资产管理】界面

各营业厅操作员向上级部门提出充电卡需求申请，并针对充电卡可以进行需求申请、库存查询、入库管理等操作。

营业厅卡管理员登录车联网服务平台，点击【卡资产管理】→【需求申请】，如图2-7所示。

（1）在图2-8所示的【需求申请】界面上，点击【新建】按钮。

图2-8　【需求申请】界面

（2）打开如图2-9所示的新建需求申请页面。

1）填入充电卡需求申请的数量、邮寄地址、邮政编码、联系人、联系方式等信息。

图2-9　新建需求申请页面

2）图2-9中，选择点击【保存】按钮：

① 显示如图2-10所示的保存确认框，点击【确定】按钮。

图2-10　保存确认框

② 提示操作成功。

③ 充电卡需求申请保存成功之后，可以在需求申请列表中点击【修改/提交】按钮进行修改或提交申请操作。

3）图2-9中，选择点击【提交】按钮：

① 系统显示提交申请确认对话框，如图2-11所示，点击【确定】按钮。

图2-11　提交申请确认对话框

② 提示操作成功，需求申请被提交。

24. 营业厅工作人员如何为实名制个人用户开卡？

营业厅销售人员负责充电卡的日常领用、销售、充值、现金解款等工作。销售充电卡时，必须在车联网服务平台中做开卡处理，将充电卡转为激活状态。

实名制个人用户办理开卡业务，当用户未注册或未实名认证时，需要先输入手机号或证件号进行实名认证，实名认证后才能办理该业务；当用户已实名认证时，可直接输入手机号或证件号办理该业务。

开卡时必须选择已实名的个人用户，并由用户为充电卡设置6位数字的密码，卡内最高可存5000元。

实名制个人用户开卡包含：已实名认证用户开卡、新建用户实名认证后开卡、账户实名认证待审核用户开卡和新建用户并开卡。

车联网服务平台上，点击左侧菜单【账户管理】→【卡账户管理】→【实名制开卡】，如图2-12所示。

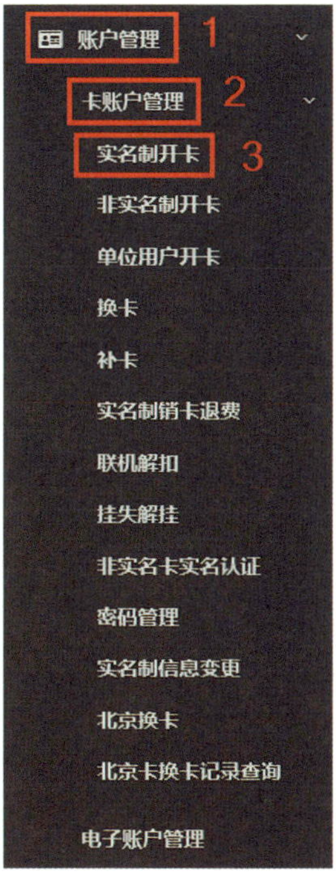

图2-12 “账户管理”菜单

- **已实名认证用户开卡**

【实名制开卡】界面如图2-13所示。

（1）输入用户手机号或用户证件号码，查询该用户信息。

图2-13 【实名制开卡】界面

（2）点击【查询】按钮后，出现如图2-14所示的界面。

1）点选已实名用户的信息记录。

2）将未出售的充电卡放置在读卡器上，点击【读卡】按钮。

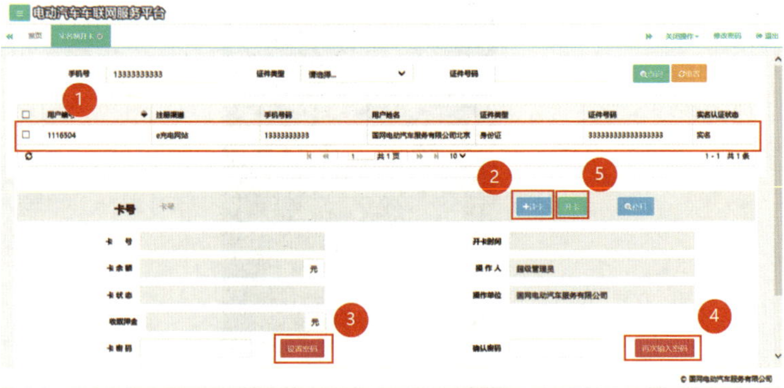

图2-14 已实名认证用户开卡界面

（3）通过读卡器读取出卡信息后，点击【设置密码】、【再次输入密码】，请用户设置密码。

（4）核对各项信息填写无误后，点击【开卡】按钮，页面给出开卡成功的提示，如图2-15所示。

图2-15 【开卡成功】提示

（5）点击【确定】按钮后，如图2-16所示，出现核对凭证信息的弹出框。核对完凭证信息后，可进行打印凭证操作。

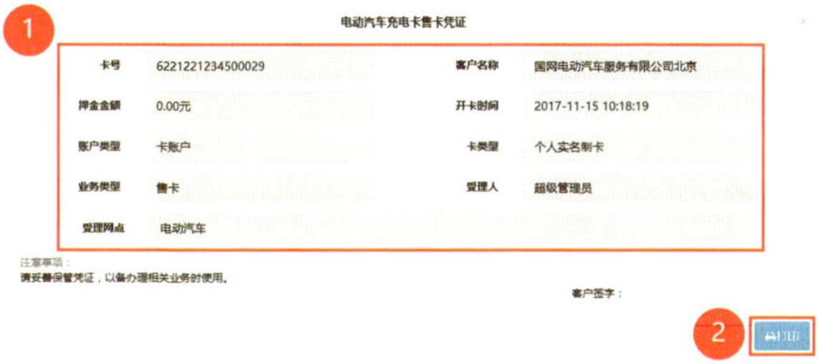

图2-16　电动汽车充电卡售卡凭证

• **新建用户实名认证后开卡**

（1）在图2-13中输入新用户的手机号，点击【查询】按钮，查询该用户信息，出现图2-17所示界面。

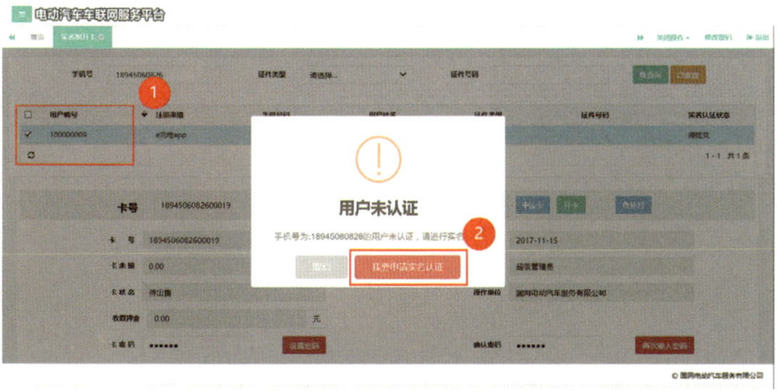

图2-17 “用户未认证”界面

1）点选状态为“待提交”的用户信息记录。

2）在弹出框内，点击【我要实名认证申请】按钮，进入到用户实名认证页面，如图2-18所示。

（2）用户实名认证页面的操作步骤：

1）点击【发送验证码】按钮，获取到验证码。

2）将用户提供的验证码输入到输入框。

3）完善用户基本信息。

4）上传用户身份证照片正面。

5）上传用户身份证照片反面。

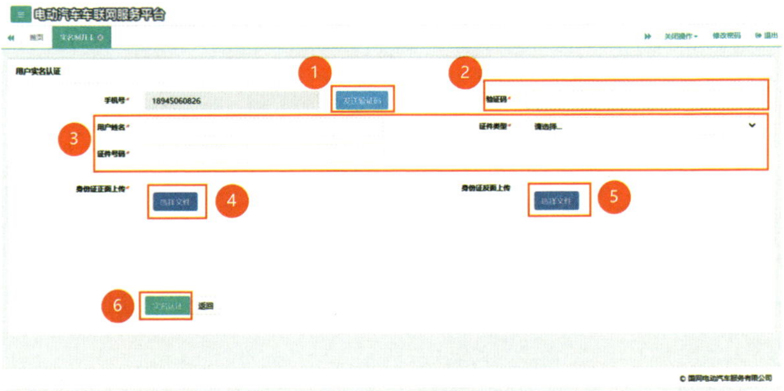

图2-18 用户实名认证页面

6）点击【实名认证】按钮，弹出确认弹出框，点击【实名认证】确认按钮。

（3）点击【返回】按钮后，回到初始的查询页面，如图2-13所示。这时用户的手机号已经默认填写，直接点击【查询】按钮即可。

（4）实名认证已经完成，开卡步骤同已实名认证用户。

- **账户实名认证待审核用户开卡**

（1）在图2-13中输入用户的手机号，查询该用户信息。

（2）点选状态为“待审核”的用户信息记录，在图2-19所示弹出框内，点击【是的，我要实名审核】按钮，进入到用户实名审核页面。

图2-19 “实名审核提醒”弹出框

（3）用户实名审核页面操作步骤，如图2-20所示。

1）审核用户的实名信息、身份证照片等。

2）如果信息属实，点选【审核通过】按钮。

3）再点击【提交】按钮。

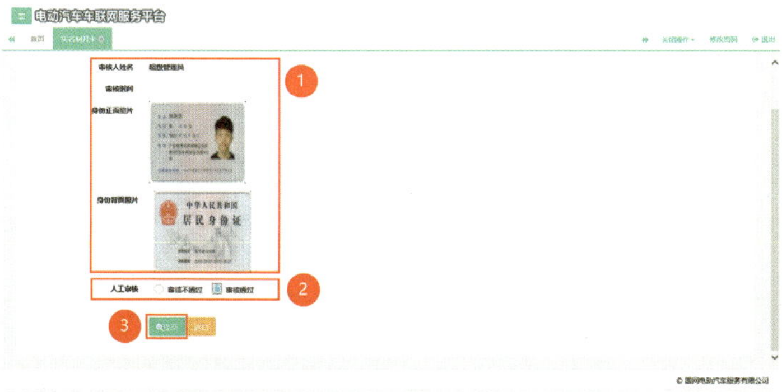

图2-20 用户实名审核页面操作步骤

4）在弹出的【操作成功】框内，点击【OK】按钮。

5）进入到查看实名审核状态的页面，可查看刚刚审核的用户的审核状态，如图2-21所示。

① 可以通过四种查询条件查找用户审核信息，本例是通过【人工审核状态】进行查询。

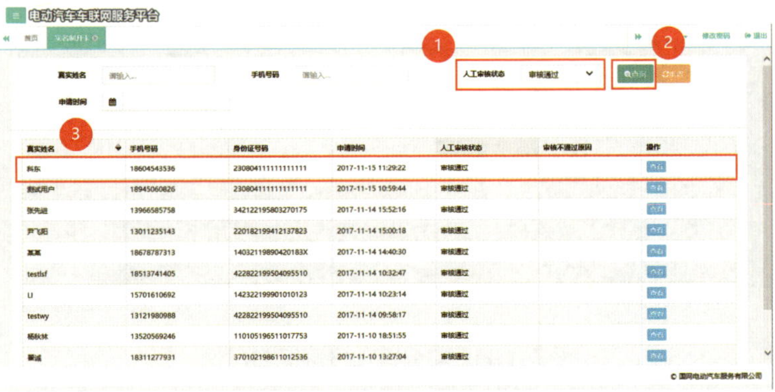

图2-21　查看刚审核用户的审核状态

② 页面第一条即是刚刚审核通过的用户信息，可通过点击【查看】查看详细信息。

（4）回到实名制开卡页面，此时用户状态已变为【实名】。实名开卡步骤同已实名认证用户。

• 新建用户并开卡

（1）输入用户的手机号，查询该用户信息。

（2）点击【查询】按钮后，出现如图2-22所示的界面。

（3）点击【新建用户】后，进入到创建个人用户页面，操作步骤如图2-23所示。

图2-22　新建个人用户弹出框

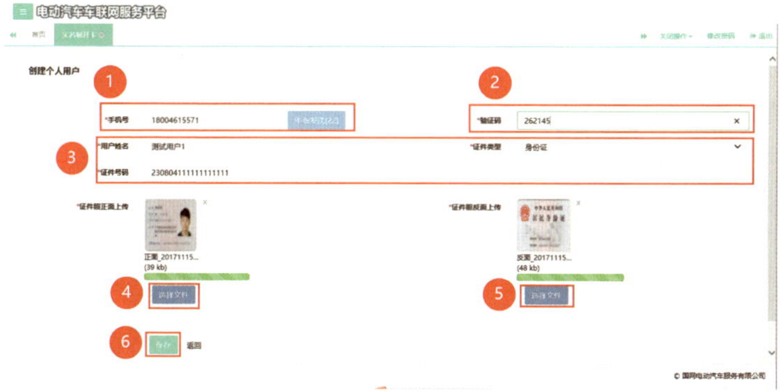

图2-23　创建个人用户页面

（4）点击【保存】按钮后，弹出确认弹出框，点击【保存】，再点击【返回】。

（5）回到初始的查询用户信息页面，输入用户的手机号码或证件号码，点击【查询】按钮。

（6）进入到开卡页面，实名开卡步骤同已实名认证用户。

开卡成功后，没有打印凭证且已关闭了凭证打印提示框，可以在图2-24所示页面点击【补打】按钮，进行电动汽车充电卡售卡凭证的打印。

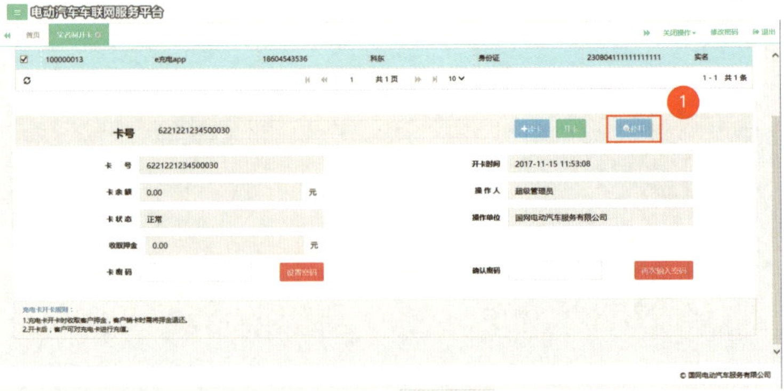

图2-24 补打凭证

25. 营业厅工作人员如何为实名制单位用户开卡？

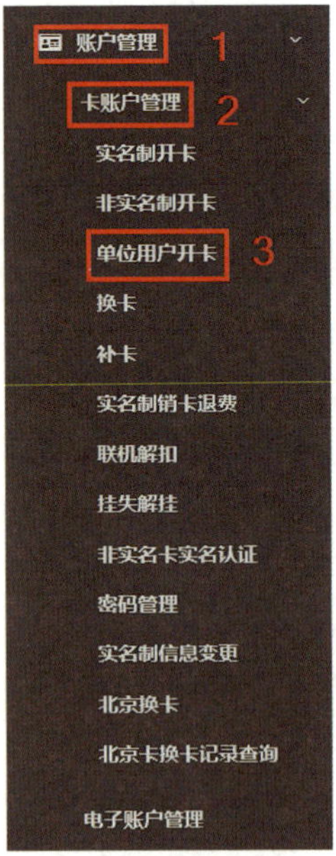

图2-25 单位用户开卡菜单

营业厅工作人员可为单位用户办理充电卡开卡业务。当单位用户未注册时，需要输入营业执照号进行注册，注册后才能为该单位用户办理开卡业务；当单位客户已注册时，可直接输入营业执照号办理开卡业务。

开卡时需由用户为卡设置6位数字的密码，卡内最高可存5000元。

实名制单位用户开卡，分为新建单位用户开卡和已存在的单位用户开卡。

车联网服务平台上，点击左侧菜单【账户管理】→【卡账户管理】→【单位用户开卡】，如图2-25所示。

• 新建单位用户并开卡

新建单位用户并开卡的具体操作如下：

（1）在图2-26中输入新单位用户的营业执照号。

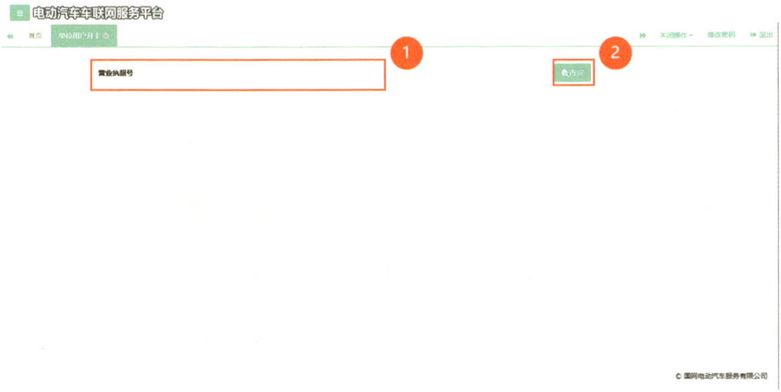

图2-26　单位用户开卡界面

（2）点击【查询】按钮后，系统给出提示，如图2-27所示。

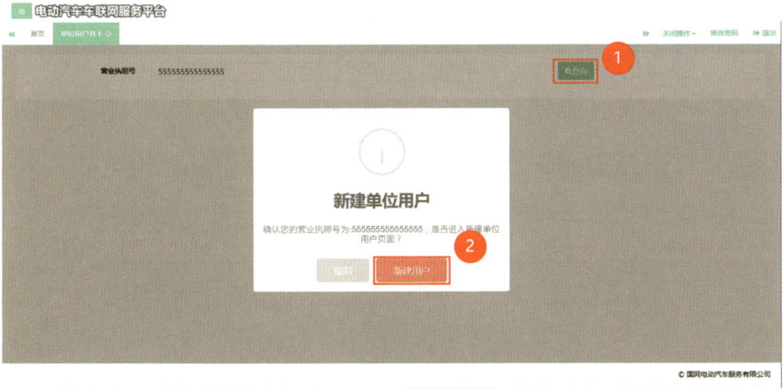

图2-27　新建单位用户提示

（3）点击【新建用户】按钮后，进入到创建企业用户界面，如图2-28所示。

图2-28　创建企业用户界面

（4）输入单位用户基本信息，上传代理人证件正反面的照片和营业执照照片，点击【保存】。

（5）点击【保存】按钮后，系统给出【创建成功】提示，点击【确认】按钮。

（6）进入单位用户开卡界面，如图2-29所示。

图2-29　单位用户开卡界面

1）核对单位用户信息。

2）将未出售的充电卡放置在读卡器上，点击【读卡】按钮。

3）点击【设置密码】，通过密码机或营业员手工录入的方式，请用户设置卡密码。

4）点击【再次设置密码】，请用户再次设置卡密码。

5）点击【开卡】按钮。

6）点击【开卡】按钮后，系统给出【开卡成功】提示，点击【确定】按钮。

7）点击【确定】按钮后，核对凭证信息，进行打印凭证操作。

8）开卡成功后，没有打印凭证且已关闭了凭证打印提示框，可以在单位用户开卡页面进行补打操作。

- **已注册的单位用户开卡**

为已注册的单位用户开卡，具体操作如下：

（1）在图2-26中输入单位用户的营业执照号。

（2）进入到单位用户开卡页面，开卡操作如图2-29所示。

（3）开卡成功后，核对凭证信息，进行打印凭证操作。若没有打印，也可在单位用户开卡页面进行补打操作。

26. 营业厅工作人员如何为非实名制充电卡开卡？

营业厅工作人员可为用户办理非实名制充电卡的开卡业务。

非实名制充电卡不设置密码，卡内最高可存1000元。非实名制充电卡不可进行挂失解挂、换卡、补卡、实名制销卡退费等业务。

在车联网服务平台上，点击左侧菜单【账户管理】→【卡账户管理】→【非实名制开卡】，如图2-30所示。

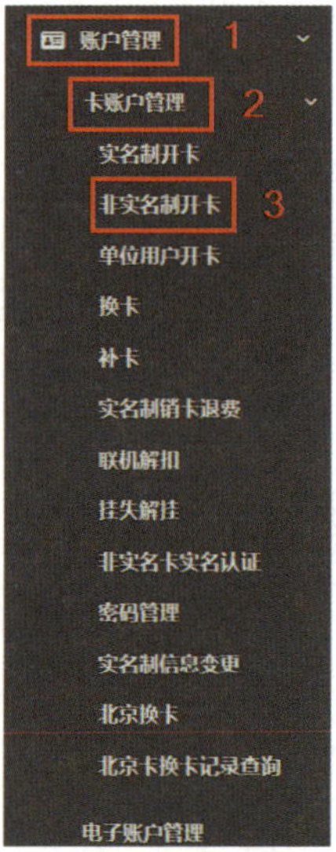

图2-30　非实名制开卡菜单

（1）如图2-31所示，通过读卡器读取出卡信息，确认信息无误后，点击【开卡】按钮，完成开卡过程。

（2）开卡成功后，出现凭证信息，核对信息无误后，可以进行打印操作，也可在非实名制开卡页面进行补打操作。

图2-31　非实名制开卡页面

27. 如何进行充电卡解灰操作?

当充电卡存在未结算记录时会形成灰锁，影响卡的使用，客户可通过任意联机的充电桩，或到营业厅办理解灰（联机解扣）。

营业厅工作人员可为客户办理解灰（联机解扣）业务。客户办理时需向工作人员提供充电卡，工作人员解灰（联机解扣）后，打印解灰（联机解扣）凭证，将充电卡交还客户，并由客户签字确认。解灰（联机解扣）具体操作步骤如下：

在车联网服务平台上，点击左侧菜单【账户管理】→【卡账户管理】→【联机解扣】，如图2-32所示。

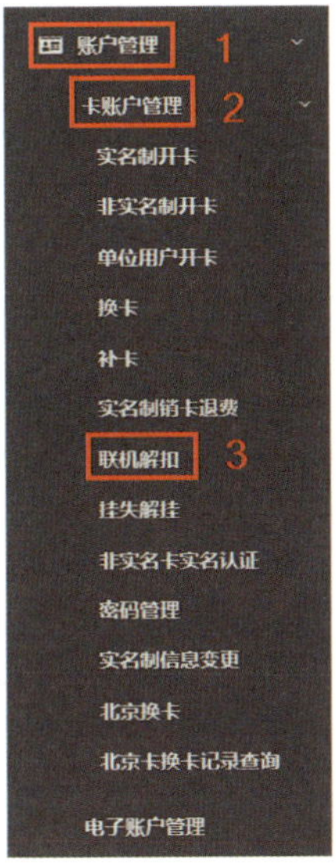

图2-32 联机解扣菜单

在图2-33联机解扣页面中，解锁卡的灰记录操作步骤如下：

（1）读取用户提供的，拥有灰记录充电卡的信息。

（2）点选要进行解灰的一条记录。

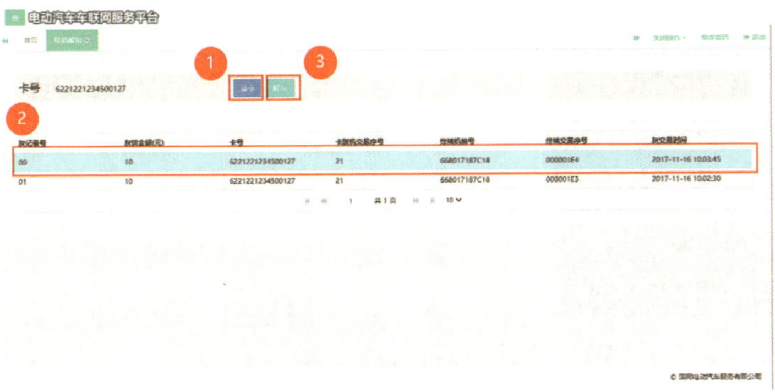

图2-33 联机解扣页面

图2-34 解灰成功提示

（3）点击【解灰】按钮。

（4）选定解灰记录，点击【解灰】按钮解灰，提示“解灰成功”，如图2-34所示。

注意：如果该充电卡并没有灰记录，那么在读取卡信息时，系统会给出“无灰锁记录”提示。

28. 如何为用户进行实名制信息变更？

营业厅工作人员可为个人用户和单位用户办理实名制信息变更业务，用户需提供有效身份证件到营业厅由工作人员进行信息核实。个人实名认证信息变更时，不可变更证件类型和证件号码。

在车联网服务平台上，点击左侧菜单【账户管理】→【卡账户管理】→【实名制信息变更】，如图2-35所示。

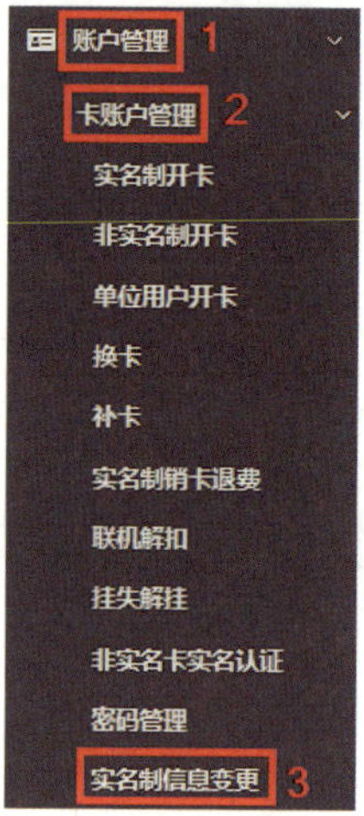

图2-35 实名制信息变更菜单

当实名制充电卡开卡时提供的各种身份信息中，有的信息发生变化时（如证件照片），需要到营业厅办理实名制信息变更。实名制信息变更分为个人用户和集团用户两种情况。

- **个人用户实名制信息变更**

在图2-36所示实名制信息变更页面，填写查询条件，点击【查询】按钮。核对用户信息，修改用户信息，点击【保存】按钮，系统给出“实名制信息更新成功”提示。

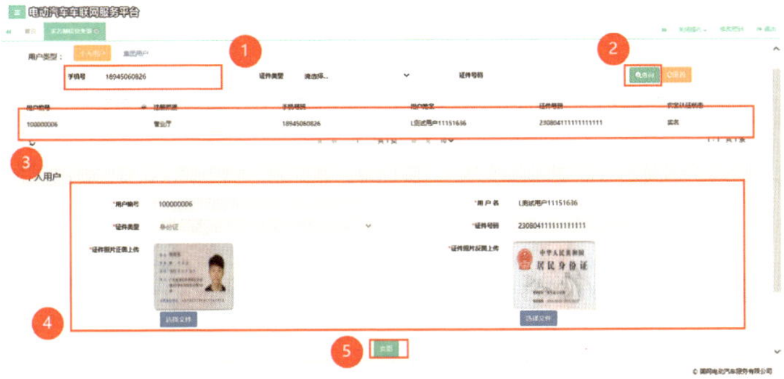

图2-36 实名制信息变更页面

• **集团用户实名制信息变更**

在图2-37所示集团用户实名制信息变更页面，选择【集团用户】，填写查询条件，点击【查询】按钮，核对用户信息，修改用户信息，点击【保存】按钮，系统给出“实名制信息更新成功”提示。

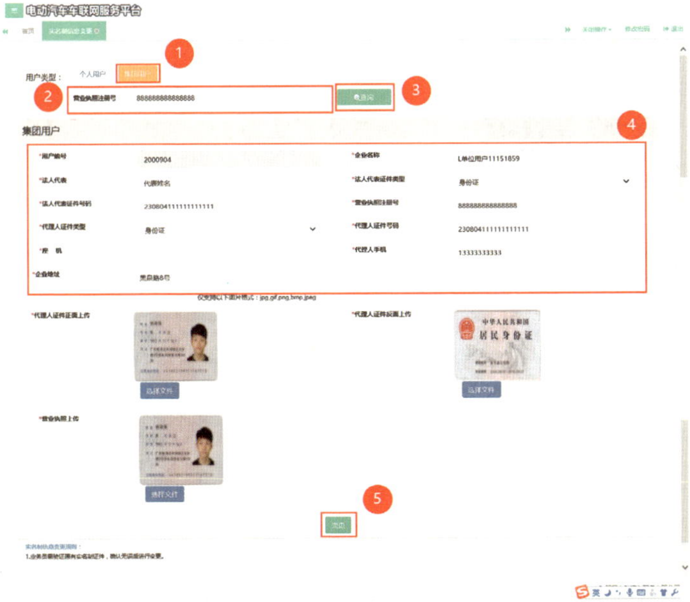

图2-37 集团用户实名制信息变更页面

29. 非实名制充电卡如何转换为实名制充电卡？

充电卡分为实名制和非实名制两种，开卡不收取押金。①实名制充电卡具有充值、充电、解灰、解锁、挂失、补卡、销卡退费、查询等功能，可反复充值，不能透支，不计利息，可与“e充电”电子账户进行关联。卡内余额不超过5000元。②非实名充电卡不可换卡、挂失、销卡退费，卡内余额不能超过1000元，其余功能和实名制充电卡一致；非实名制充电卡可以转换为实名制充电卡。个人客户办理实名制充电卡最多只能办理5张，集团客户办理实名制充电卡不受张数限制。

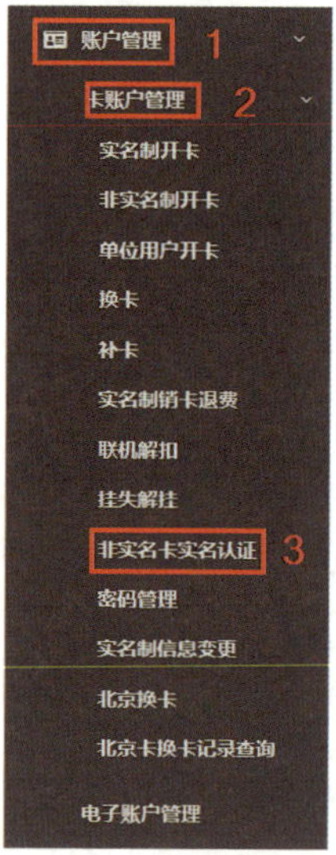

图2-38 非实名卡实名认证菜单

营业厅工作人员可以对用户持有的非实名制充电卡办理实名认证业务。用户需持原充电卡和有效身份证件到营业厅去办理非实名制充电卡实名认证业务。

在车联网服务平台上，点击左侧菜单【账户管理】→【卡账户管理】→【非实名卡实名认证】，如图2-38所示。

- **已实名的用户非实名制充电卡认证**

（1）在图2-39中，通过用户提供的查询条件，填写输入框，点击【查询】按钮。

（2）点选用户的信息记录，读取用户需要实名认证的充电卡。

（3）用户设置卡密码，点击【非实名卡实名认证】按钮，系统给出实名制认证成功的提示。

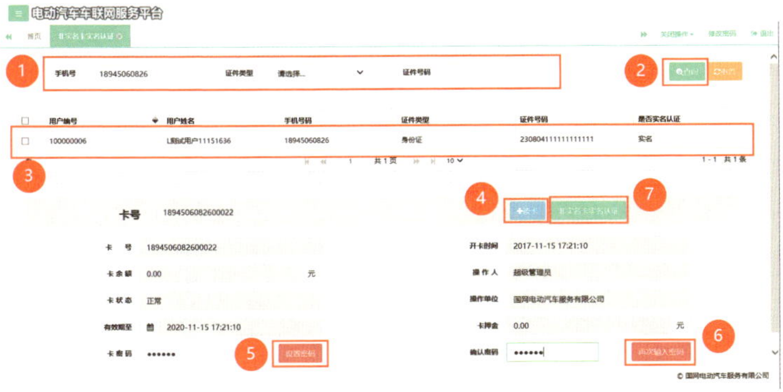

图2-39 非实名卡实名认证页面

- **已注册但未实名的用户非实名制充电卡认证**

（1）在图2-39中，输入查询条件，点击【查询】按钮。

（2）选择用户的记录，在弹出框内点击【我要申请实名申请】，如图2-40所示。

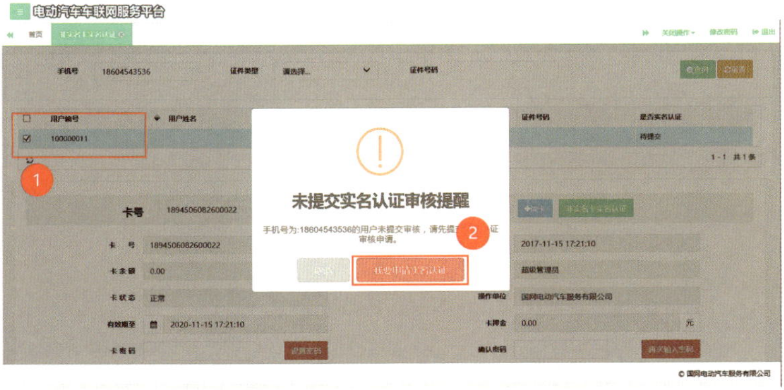

图2-40 未提交实名认证审核提醒

（3）在实名认证审核页面，如下图所示：

1）点击【发送验证码】按钮，获取到验证码后，输入用户提供的验证码到输入框。

2）完善用户基本信息，上传用户身份证照片正反面，点击【实名认证】按钮。

3）在弹出框给出确认提示，点击【实名认证】，系统给出认证成功提示。

4）完成用户实名认证之后，进行非实名制卡实名认证，具体步骤同已实名的用户非实名制充电卡认证。

- **未注册用户非实名制充电卡实名认证**

在非实名卡实名认证页面，通过用户手机号或证件号码查询用户信息，在弹出框中点击【新建用户】按钮。

（4）进入到创建用户页面：

1）点击【发送验证码】按钮，获取到验证码后，输入用户提供的验证码到输入框。

2）完善用户基本信息，上传用户身份证照片正反面，点击【保存】按钮，系统提示创建用户成功。

（5）完成用户实名认证之后，进行非实名制卡实名认证，步骤同已实名的用户非实名制充电卡认证。

注意：非实名制充电卡进行实名认证，只能实名为个人客户的充电卡。

30. 如何进行实名制充电卡密码服务操作？

通过密码管理功能模块，营业厅工作人员可为用户办理密码重置、密码修改、密码解锁的业务。

密码重置时，客户需提供原充电卡和实名制认证信息，工作人员需核对持卡人信息，确认开卡人或代理证明；密码修改时，客户需要输入原密码；客户充电时，输入3次错误密码使充电卡被锁定时，客户可直接到营业厅由工作人员办理充电卡密码解锁业务。

在车联网服务平台上，点击左侧菜单【账户管理】→【卡账户管理】→【密码管理】，如图2-41所示。

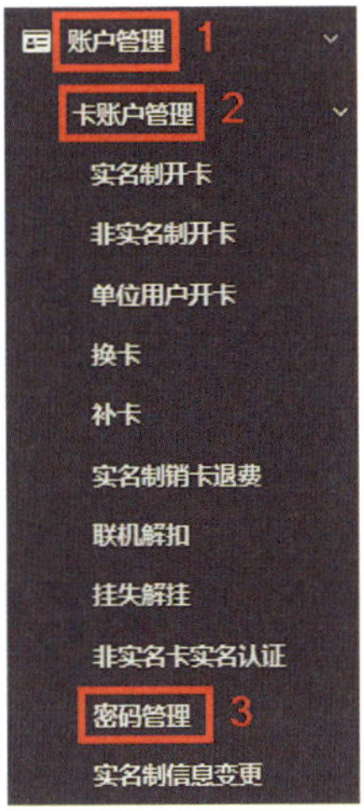

图2-41　密码管理菜单

密码管理用于管理用户交易时使用的密码，分为密码重置、密码修改及密码解锁三个功能，如图所示。用户提供卡号和身份信息，确认无误后可以管理自己的密码。

（1）密码解锁：用于解锁被锁定的卡，如图2-42所示。如果该卡为被锁定，则系统会给出提示。

1）使用读卡器读取被PIN码锁定的充电卡。

2）核对充电卡信息无误后，点击【密码解锁】按钮。

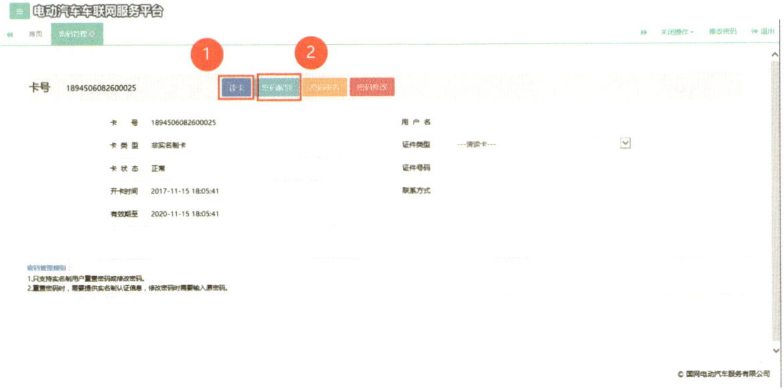

图2-42　密码解锁页面

3）操作完成后平台提示操作成功。

（2）密码重置：用于重置充电卡密码，如图2-43所示。

图2-43　密码重置页面

1）使用读卡器读取个人实名制充电卡，核对信息无误后，点击【密码重置】按钮。

2）让客户两次通过密码键盘或计算机键盘输入密码，两次密码必须相同。

3）点击【保存】按钮，操作完成后平台提示操作成功。

（3）密码修改：用于修改充电卡密码，如图2-44所示。

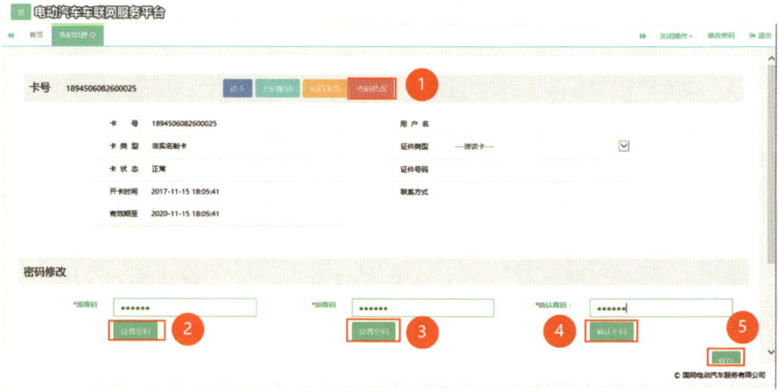

图2-44　密码修改页面

1）使用读卡器读取个人实名制充电卡，核对信息无误后，点击【密码修改】按钮。

2）让客户通过密码键盘或计算机键盘输入原密码、新密码和确认密码。

3）点击【保存】按钮，操作完成后平台提示操作成功。

31. 如何进行实名制充电卡换卡服务操作?

营业厅工作人员可为客户办理换卡业务。换卡时，原充电卡必须为实名制充电卡，客户需提供原充电卡和有效身份证件，工作人员需核实持卡人身份，确认开卡人或代理人身份证明信息。

在车联网服务平台上，点击左侧菜单【账户管理】→【卡账户管理】→【换卡】，如图2-45所示。

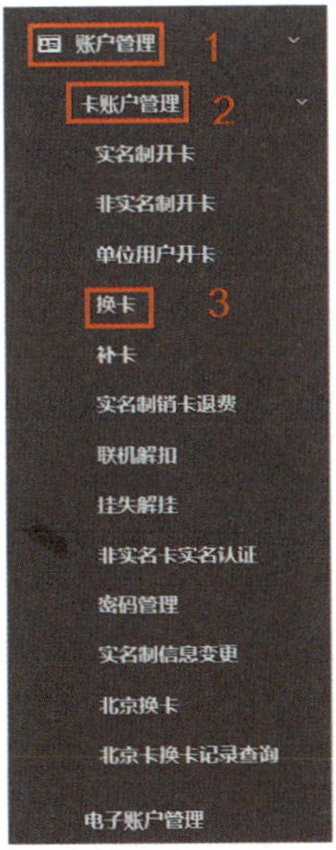

图2-45　换卡菜单

进入到换卡页面，如图2-46所示。具体操作如下：

（1）点击【读旧卡】，读取卡信息，并核对旧卡信息。

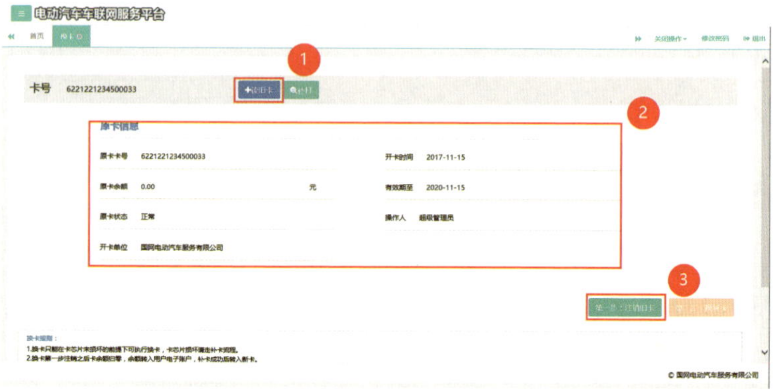

图2-46 换卡页面

（2）点击【注销旧卡】按钮后，提示旧卡注销成功。

（3）读取新卡信息，用户设置卡密码后，点击【保存】按钮，系统提示换卡成功。

（4）出现凭证核对弹出框，核对信息无误后，进行打印凭证操作。也可在换卡页面进行凭证补打。

注意：充电卡只能在旧卡注销之后才能使用换新卡的功能。

32. 如何进行实名制充电卡挂失、解挂服务操作？

营业厅工作人员可对客户的实名制充电卡进行挂失、解挂操作。挂失或解挂时，充电卡必须为实名制充电卡，客户需提供有效身份证件，工作人员需核实持卡人身份，确认开卡人或代理人身份证明信息。

在车联网服务平台上，点击左侧菜单【账户管理】→【卡账户管理】→【挂失解挂】，如图2-47所示。

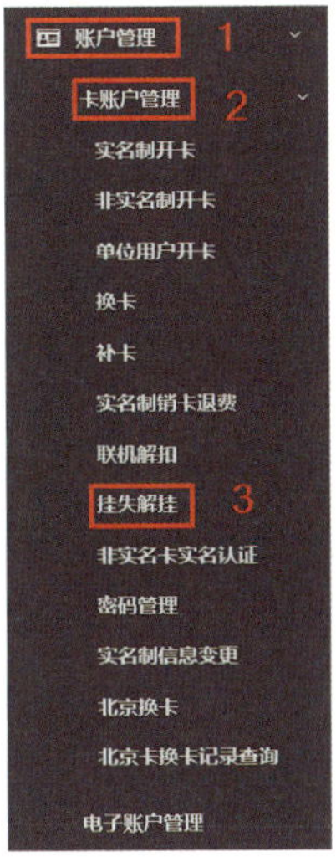

图2-47　挂失解挂菜单

• 挂失

（1）通过客户提供的查询条件，找出客户名下的充电卡信息，如图2-48所示。

（2）选择客户要进行挂失的充电卡记录，点击【挂失】按钮，系统给出挂失成功的提示。

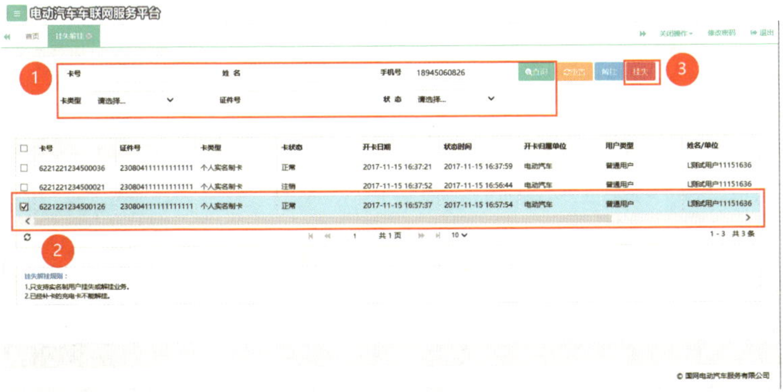

图2-48　挂失解挂页面

（3）在挂失解挂页面可查看该卡的状态已经变更为挂失。

- **解挂**

（1）在图2-48中，通过客户提供的查询条件，找出客户名下的充电卡信息。

（2）选择用户要进行解挂的卡记录，点击【解挂】按钮，系统给出解挂成功提示。

注意：只有正常和挂失状态下的实名制充电卡才能分别进行挂失和解挂操作。

第三节　收费账务

33. 如何进行实名制充电卡补卡、补钱服务操作？

营业厅工作人员可对客户挂失时间超过10天的实名制充电卡进行补卡或者补钱的操作。

补卡时，客户需提供有效身份证件，工作人员需核实持卡人身份，确认开卡人或代理人身份证明信息；补钱时，客户需提供有效身份证件和一张实名制充电卡（实名制充电卡必须在此身份证件客户名下），工作人员需核实持卡人身份，确认开卡人或代理身份证明信息。

在车联网服务平台上，点击左侧菜单【账户管理】→【卡账户管理】→【补卡】，如图2-49所示。

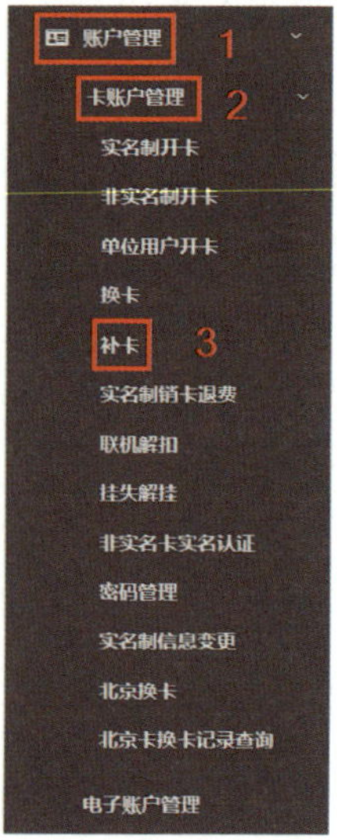

图2-49　补卡菜单

补卡页面如图2-50所示。补卡功能只针对实名制客户，非实名制客户不能补卡。页面的上半部分是旧卡查询部分，下半部分是卡信息录入部分。

电动汽车车联网服务平台

图2-50　补卡页面

• 补卡

（1）若充电卡挂失未满10日，则系统会给出如图2-51所示的提示。

卡 1140790000010644 挂失时间未满10天。

图2-51　卡挂失未满10日提示

（2）充电卡挂失10日后，可对该卡进行补卡操作。

1）在图2-50中输入挂失卡卡号，点击【查询按钮】。

2）读取完挂失卡信息后，补卡操作如图2-52所示：

① 点击【读卡】按钮,读取新卡信息。

② 用户设置密码、确认密码，点击【补卡】按钮。

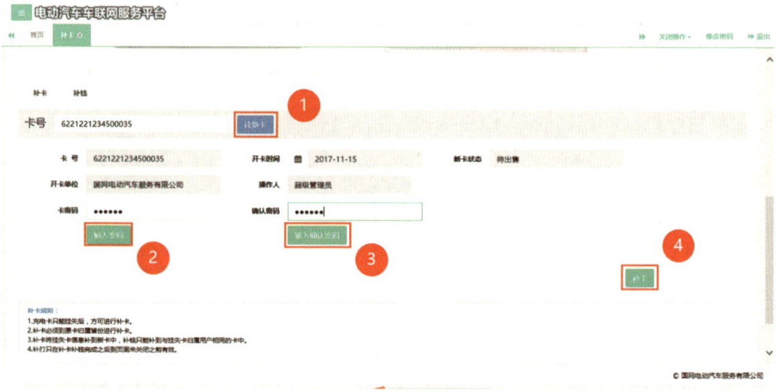

图2-52　补卡操作

③ 点击【补卡】按钮，系统给出补卡成功提示。核对凭证信息，打印凭证。

● **补钱**

（1）补钱操作也需在充电卡挂失10日后，才能进行。

（2）读取完挂失卡信息后，补钱操作如图2-53所示。

1）点击【读已注册卡】按钮，读取用户已注册的卡信息。

图2-53　补钱操作

2）点击【补钱】按钮，系统给出补钱成功提示。核对凭证信息，打印凭证。

注意： 补钱时，已注册的卡必须为同一个客户名下的实名制充电卡。

34. 如何进行实名制充电卡销卡、退费服务操作？

客户退费应按财务制度建立完备的登记和审核手续。客户申请退费的，经审核其提供的身份证件、银行借记卡和联系电话等资料无误后，国网电动汽车服务有限公司自受理之日起15日内，通过网银转账方式将清算后的余额存入客户银行借记卡账户中。营业网点不得使用现金进行退费；客户已参加优惠活动的，不得申请退费。

营业厅工作人员可为个人用户办理实名制充电卡销卡退费业务。销卡时，用户需提供原充电卡和有效身份证件，业务人员需核实持卡人身份，确认开卡人或代理人身份证明信息。

销卡时，充电卡必须为个人用户下的实名制充电卡，非实名制充电卡和单位用户下的充电卡不允许销卡。

在车联网服务平台上，点击左侧菜单【账户管理】→【卡账户管理】→【实名制销卡退费】，如图2-54所示。

（1）在图2-55中，读取用户需要销卡的卡信息。

（2）核对用户的卡信息，填写用户提供的银行账户信息，以及销卡原因等。

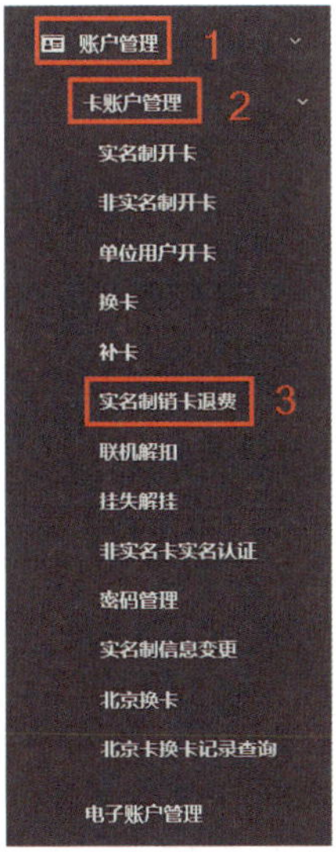

图2-54　实名制销卡退费菜单

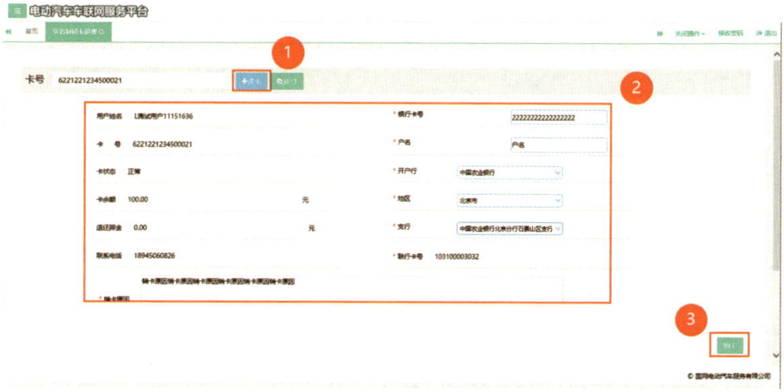

图2-55 实名制退卡退费页面

（3）点击【销卡】按钮后，系统给出“确定注销此卡”提示，点击【确定】按钮后，系统提示销卡成功。

（4）核对凭证信息，可以进行打印凭证，也可在实名制退卡退费页面进行补打操作。

注意：（1）当卡余额为0进行注销操作时，银行卡信息不为必填项。

（2）对于退款不成功的充电记录，可以通过销卡记录查询功能，重新修改申请信息后，重新发起申请。

35. 如何为用户进行现金充值与冲正？

营业厅工作人员可为用户办理充电卡充值业务，充值方式选择现金充值，非实名制充电卡内存储余额不得超过1000元，实名制充电卡内存储余额不得超过5000元。冲正业务规则：冲正金额应与充值金额一致；冲正原因必须填写；只能冲正当日现金未解款充值记录、当日未对账记录。

- **现金充值**

使用营业厅工作人员（售卡员）账户登录车联网服务平台，点击左侧菜单【交费管理】→【充值】，如图2-56所示。

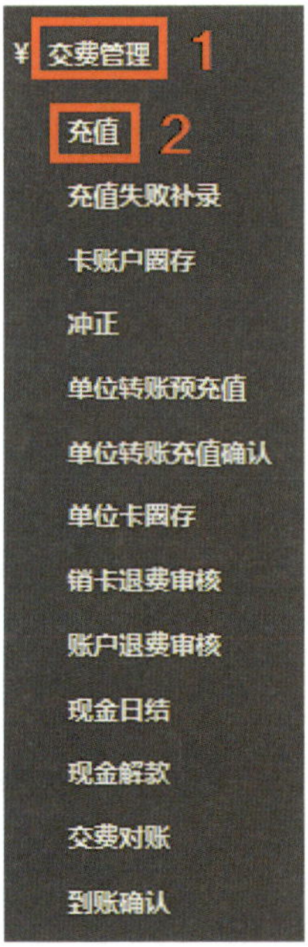

图2-56　充值菜单

在图2-57中，现金充值操作步骤如下：

（1）在读卡器上放置充电卡，点击【读卡】按钮。

（2）核对显示的充电卡信息。

（3）充值方式选择【现金】。

（4）在充值金额处填写要充值的金额。

（5）点击【充值】按钮。

（6）显示如图2-58所示的确认充值对话框，点击【确定】按钮，出现充值成功提示。

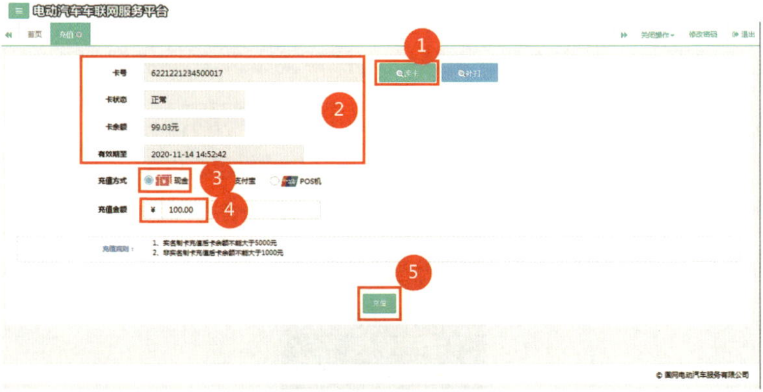

图2-57　充值页面

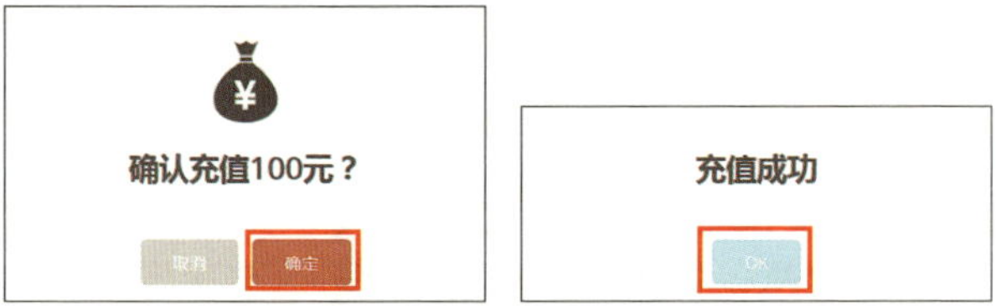

图2-58　确认充值对话框

（7）核对充电卡充值凭证信息，点击【打印】按钮。要求用户在充值凭证上签字确认，如图2-59所示。

图2-59　充值凭证页面

• 现金充值冲正

使用营业厅工作人员（售卡员）账户登录服务平台，左侧菜单【交费管理】→【冲正】，如图2-60所示。

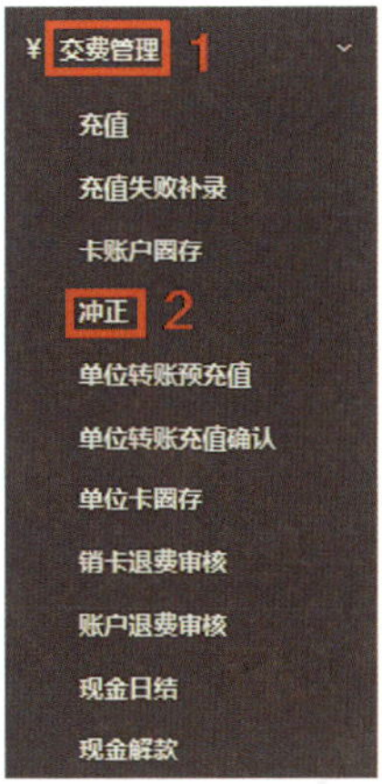

图2-60　冲正菜单

打开冲正页面（如图2-61所示），操作步骤如下：

（1）在读卡器上放置实名制充电卡，点击【读卡】按钮。

（2）核对读取到的充电卡号和卡余额。

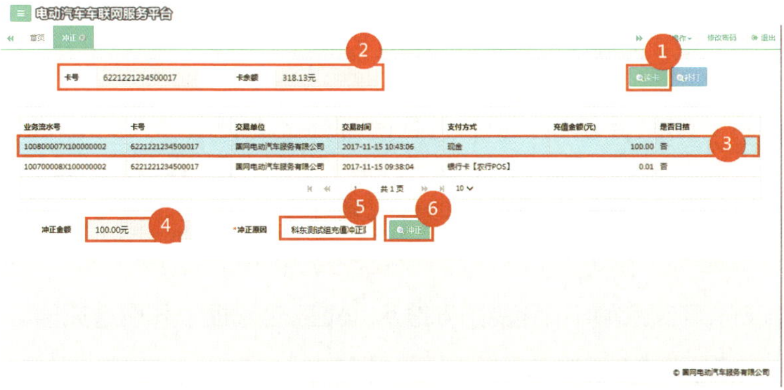

图2-61　冲正页面

（3）在查询出的充值记录中选择一条要进行冲正的现金充值记录。

（4）核对冲正金额，填写冲正原因（冲正原因不能小于10个字），点击【冲正】按钮。

（5）显示冲正操作确认对话框，点击【确定】按钮。

（6）显示冲正操作成功提示框，点击【OK】按钮。

（7）核对充电卡冲正凭证信息，点击【打印】按钮，要求客户在凭证上签字确认。

注意：

（1）充值金额一定要填写正确。

（2）充值过程中不要移动卡片位置。

（3）已成功交易、未成功交易均可以通过冲正处理。

（4）冲正功能只适用于营业厅交费。

（5）只支持当天未日结的交费冲正。

（6）记录冲正原因，如果收据已打印，应收回并作废。

（7）冲正只能全单冲正，不允许部分冲正。

（8）卡余额小于冲正金额时禁止冲正。

（9）每次只能选定一笔记录进行冲正。

36. 如何使用银联POS机进行充值与冲正？

营业厅工作人员为用户办理充电卡充值业务，充值方式选择POS机刷卡，非实名制充电卡内存储余额不得超过1000元，实名制充电卡内存储余额不得超过5000元。冲正业务规则同现金充值。

- **银联POS机充值**

使用营业厅工作人员（售卡员）账户登录服务平台，点击左侧菜单【交费管理】→【充值】，如图2-56所示。

（1）充电卡银联POS机充值的操作步骤（如图2-62所示）同现金充值。充值方式选择【POS机】。

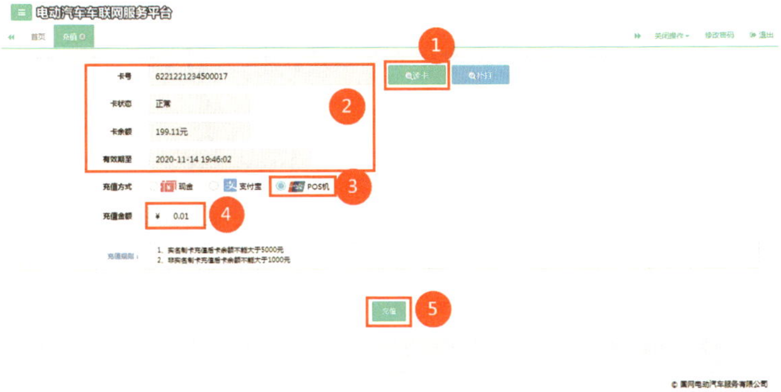

图2-62　充值页面

（2）点击【充值】按钮后，显示如图2-63所示确认充值对话框，点击【确定】按钮。

图2-63　确认充值对话框

（3）如图2-64所示，提示用户使用POS机刷卡，点击【确定】按钮。

图2-64　提示用户使用POS机制卡

（4）用户通过POS机刷卡并输入支付密码，系统提示充值成功。

（5）核对充电卡充值凭证信息，点击【打印】按钮。要求客户在充值凭证上签字确认。

• 银联POS机充值冲正

使用营业厅工作人员（售卡员）账户登录服务平台，点击左侧菜单【交费管理】→【冲正】，如图2-60所示。

（1）打开冲正页面（如图2-65所示），银联POS机充值冲正的操作步骤同现金充值。只是在查询出的充值记录中要选择进行冲正的POS充值记录。

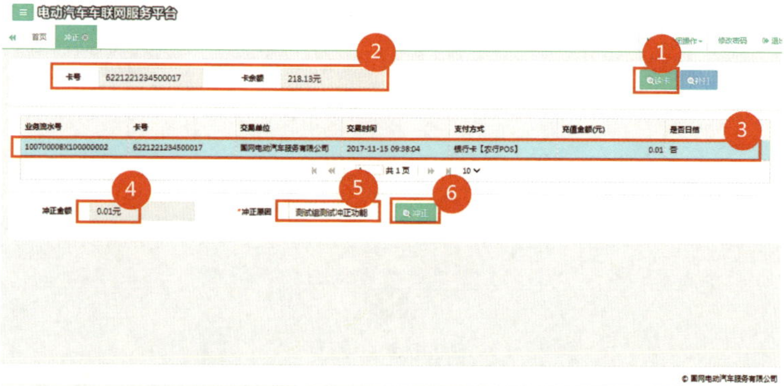

图2-65　POS机刷卡冲正页面

（2）显示确认POS机刷卡对话框，点击【确定】按钮。

（3）显示冲正操作成功提示框，点击【OK】按钮。打印凭证操作同现金充正。

37. 如何使用电子渠道进行充值与冲正?

营业厅工作人员可为用户办理充电卡充值业务，充值方式选择支付宝等，非实名制充电卡内存储余额不得超过1000元，实名制充电卡内存储余额不得超过5000元。冲正业务规则同现金充值。

- **支付宝充值**

使用营业厅工作人员（售卡员）账户登录服务平台，点击左侧菜单【交费管理】→【充值】，如图2-56所示。

（1）支付宝充值页面如图2-66所示，操作步骤同现金充值。充值方式选【支付宝】。

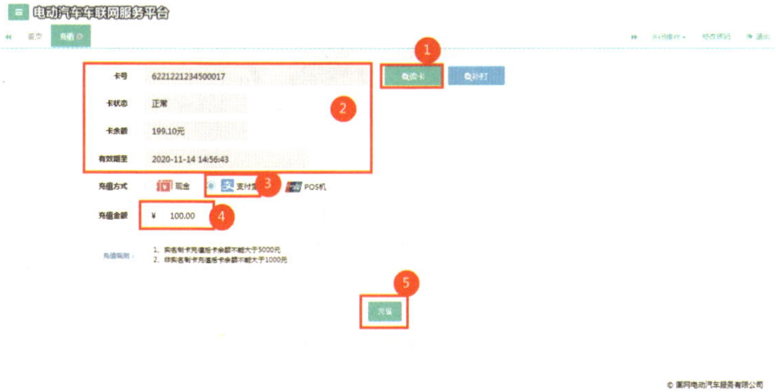

图2-66　支付宝充值页面

（2）在确认充值对话框中，点击【确定】按钮。

（3）显示如图2-67所示扫描框。

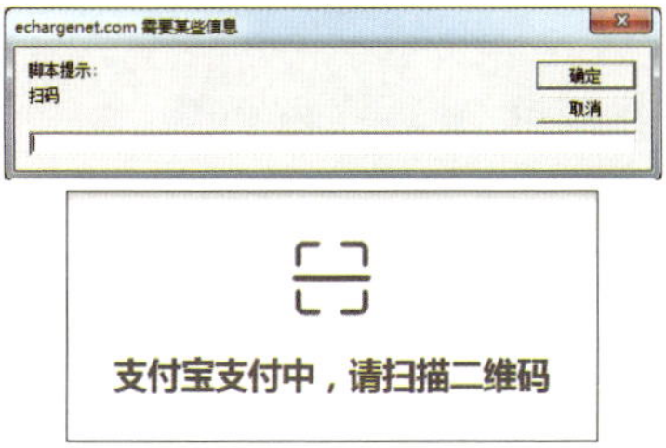

图2-67　扫描框

（4）如图2-68所示，用扫码枪获取用户手机上的支付宝支付码。

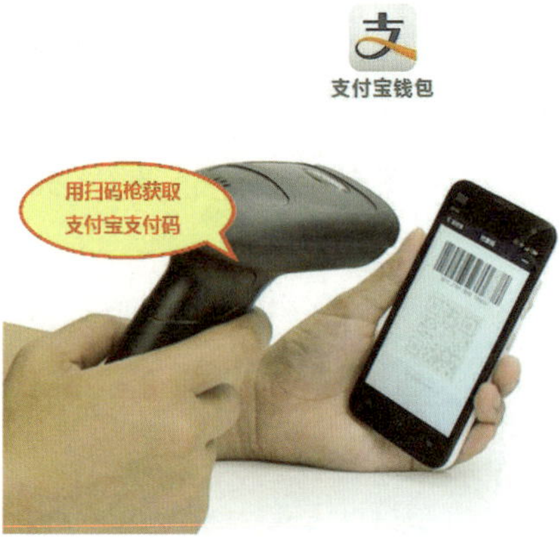

图2-68　用扫码枪获取支付宝支付码

（5）提示充值成功，点击【OK】按钮。打印凭证操作同现金充值。

- **支付宝充值冲正**

使用营业厅工作人员（售卡员）账户登录服务平台，点击左侧菜单【交费管理】→【冲正】，如图2-60所示。

打开冲正页面，支付宝充值冲正的操作步骤同现金冲正。只是在查询出的充值记录中要选择一条进行冲正的支付宝充值记录。

38. 如何进行充值失败补录操作?

营业厅工作人员对充值中出现的异常进行处理，当对充电卡进行充值操作时，如果系统显示充值成功但写卡失败，或者有对账补账操作，则需要对该记录进行补录处理，使卡内金额正常。

使用营业厅工作人员（售卡员）账户登录服务平台，点击左侧菜单【交费管理】→【充值失败补录】，如图2-69所示。

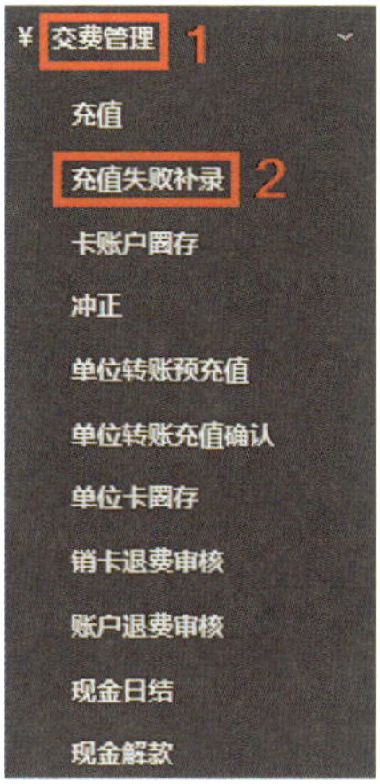

图2-69　充值失败补录菜单

打开充值失败补录页面（如图2-70所示），操作步骤如下：

（1）在读卡器上放置充电卡，点击【读卡】按钮。

（2）核对读取到的充电卡号。

（3）在查询出的该充电卡可进行充值补录的充值记录中，选择一条要进行充值失败补录的充值记录。

（4）点击【补录】按钮。

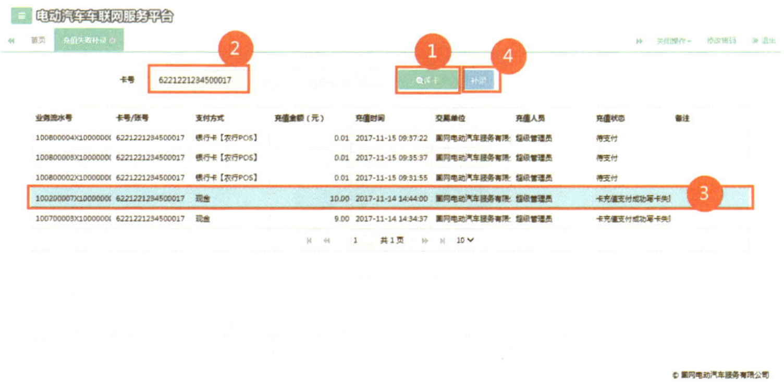

图2-70　充值失败补录页面

（5）补录成功后，显示补录成功提示，点击【OK】按钮。

（6）核对充电卡补录凭证信息。点击【打印】按钮，要求用户在凭证上签字确认。

39. 如何进行现金解款与对账操作?

营业厅业务人员可以进行现金解款和对账操作。

- **现金解款**

工作人员对营业厅的现金日结记录进行汇总后，生成预解款单，去银行解款成功后回填银行日志号，再进行解款操作；还可以查询历史解款记录。

现金解款的业务流程：预解款（选择日结单）→银行解款→解款（填写银行日志号）。

使用营业厅工作人员（售卡员）账户登录服务平台，点击左侧菜单【交费管理】→【现金解款】，如图2-71所示。

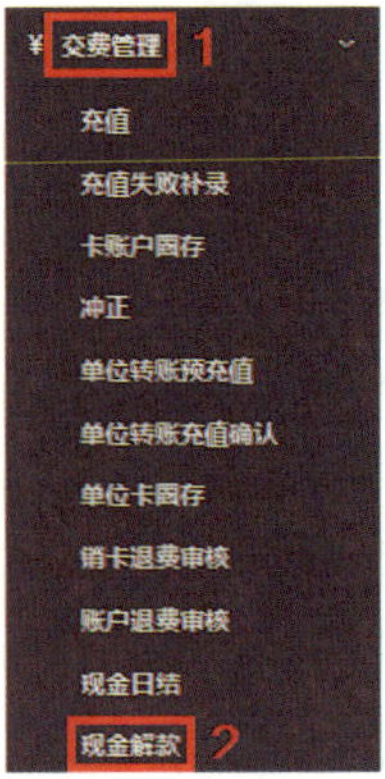

图2-71　现金解款菜单

打开现金解款页面（如图2-72所示）操作步骤如下：

（1）点击【预解款】按钮。

图2-72 现金解款页面

（2）如图2-73所示，选择要进行现金解款操作的日结单，点击【生成预解款】按钮。

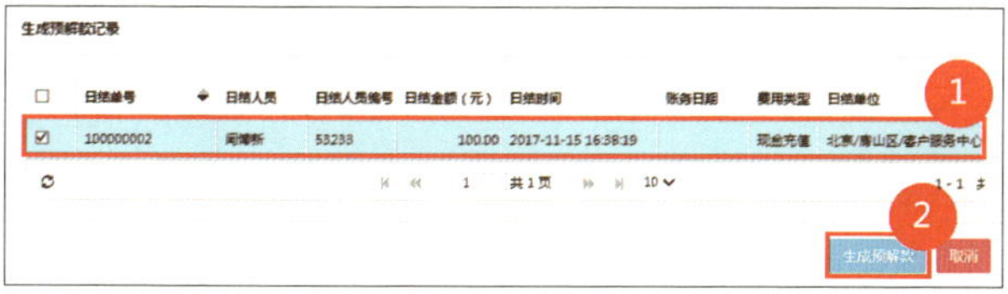

图2-73 选择日结单

（3）提示预解款成功，点击【OK】按钮。

（4）如图2-74所示现金解款凭证打印页面，先核对现金解款信息无误，再点击【打印】按钮。

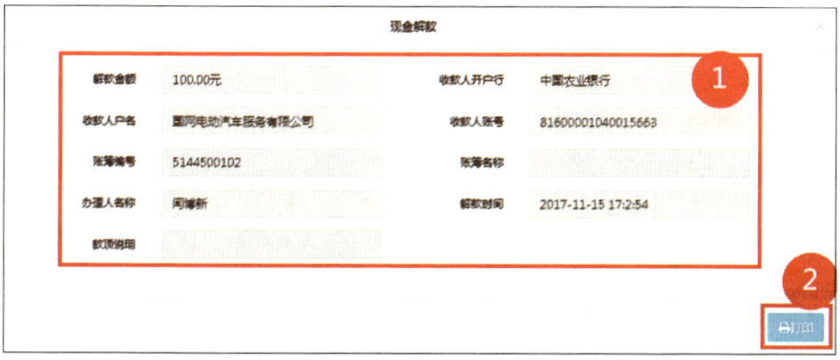

图2-74 现金解款凭证打印页面

（5）如图2-75所示，选择生成的预解款单，点击【解款】按钮。

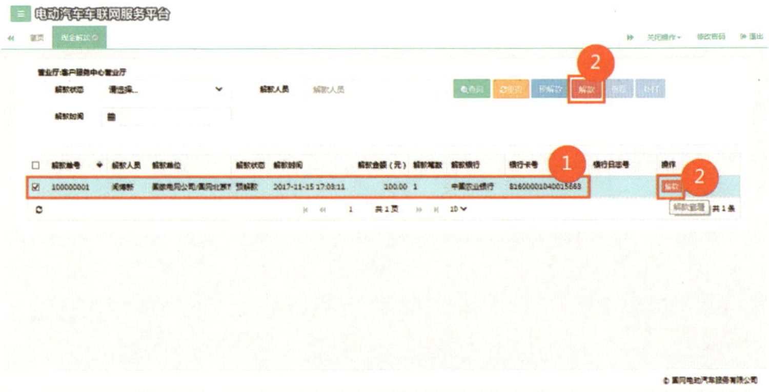

图2-75　选择预解款单

（6）如图2-76所示，填写银行日志号，点击【确认解款】按钮。

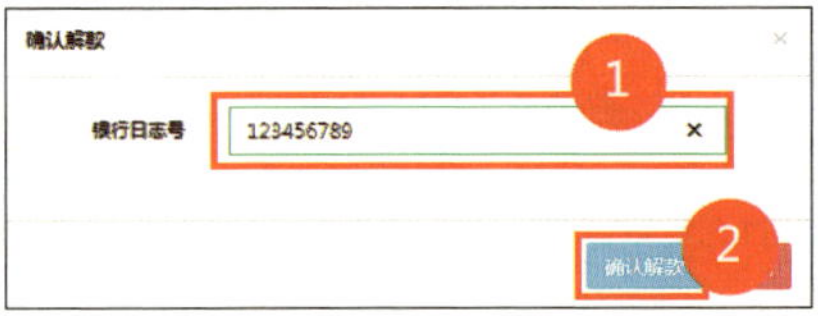

图2-76　填写银行日志号

（7）提示解款成功。

注意：

（1）生成预解款单之前，要仔细核对日结单信息。

（2）解款时，要正确填写银行日志号。

● 交费对账

该功能的主要作用是从第三方交费取得的账单与本系统交费记录进行交费对账，显示各种支付方式自动对账记录，可根据对账时间、对账结果进行查询，并将两边无法正常核对的账单列出，进行人工处理。

使用系统审计员账户登录服务平台，点击左侧菜单【交费管理】→【交费对账】，如图2-77所示。

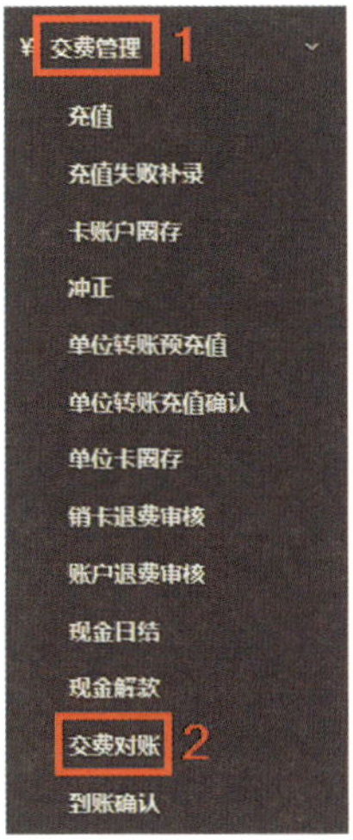

图2-77　交费对账菜单

打开交费对账页面（如图2-78所示）操作步骤如下：

（1）选择一条需要进行单边处理的对账单。

（2）点击【处理单边】按钮。

图2- 78　交费对账页面

（3）如图2-79所示，查看账单详细信息，对可以处理的账单进行处理。

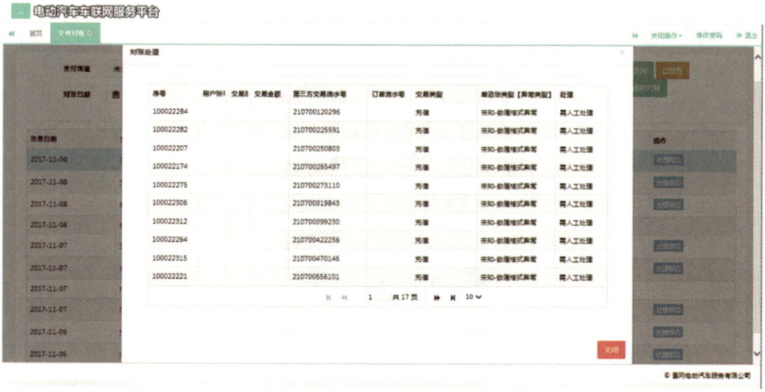

图2-79　账单详细信息

（4）单边账处理完成后，点击如图2-80所示的【重新对账】按钮，系统自动重新进行对账。

图2-80　单边对账

（5）点击【重新对账】按钮后，显示如图2-81所示的重新对账页面。

1）选择需要进行重新对账的支付渠道。

2）选择需要进行重新对账的账务日期。

3）点击【重新对账】按钮。

（6）操作完成后系统提示重新对账成功。

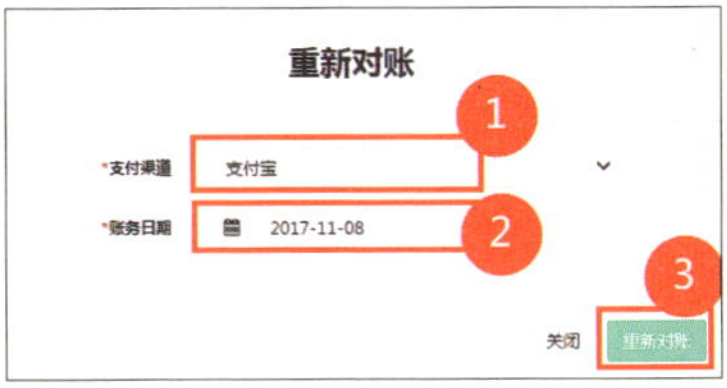

图2-81　重新对账页面

40. 如何申请增值税电子普通发票?

营业厅工作人员为用户开具发票服务，目前可申请的发票分为增值税电子普通发票和增值税专用发票两种。

工作人员登录平台，可以为个人用户、企业用户根据手机号或充电卡卡号，对其消费记录（目前仅限充电消费业务）进行发票申请；也可以为企业用户根据公司的营业执照号码及消费记录进行发票申请。

其中，增值税电子普通发票可直接开具并下载查看；而增值税专用发票进行申请后，需要发票管理员进一步审核。

工作人员登录车联网服务平台，点击【发票管理】→【发票申请】，如图2-82所示。

- **申请增值税电子普通发票**

申请增值税电子普通发票的操作步骤（如图2-83所示）如下：

（1）在左上角的选择框中选中其中一种方式（比如：卡号）。

（2）在选择框后手动输入相应的信息（比如：选中卡号）后，手动输入卡号或通过读卡获取卡号。手机号和营业执照号是必须要手动输入的信

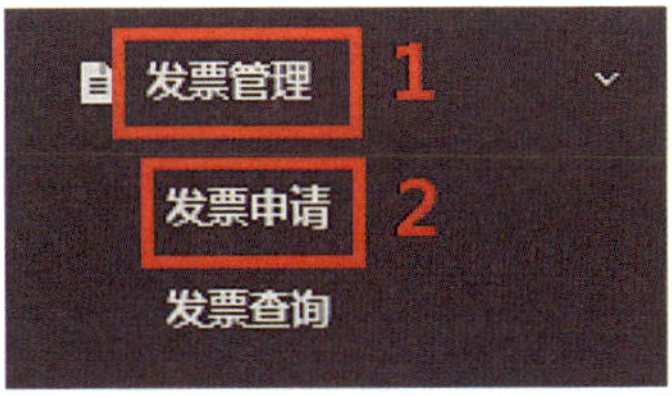

图2-82　发票申请菜单

息。通过读卡获取卡号的操作步骤如下：

1）在读卡器上放置充电卡，点击【读卡】按钮。

2）核对显示的充电卡的卡号信息。

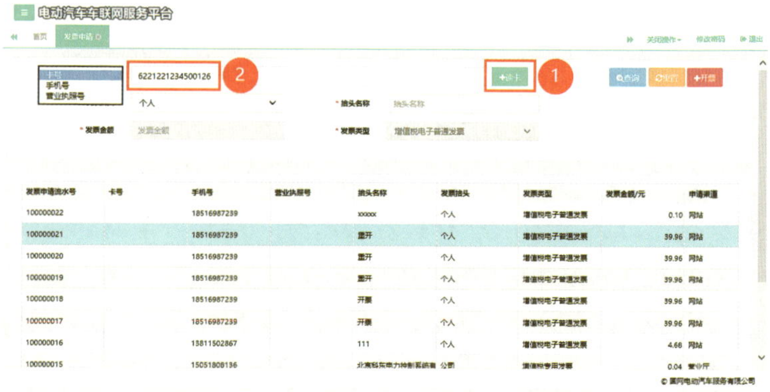

图2-83 发票申请页面

（3）点击【查询】按钮。

（4）弹出消费记录框，选择要开发票的充电消费记录并确定。

选择超过三个月的充电消费记录，操作步骤如图2-84所示。

1）在是否超过三个月的选择框选中“是”。

2）点击交易时间的文本框，调整交易时间。

3）点击【查询】按钮，页面显示交易时间段内该卡号所有未开发票的充电消费记录。

4）核对显示充电消费记录的所有信息，信息无误后选择一条或者多条充电消费记录。

5）点击【确定】按钮。

（5）核对发票信息（发票金额、发票类型为增值税电子普通发票），如图2-85所示。

（6）信息无误后填写发票所需要的具体信息。

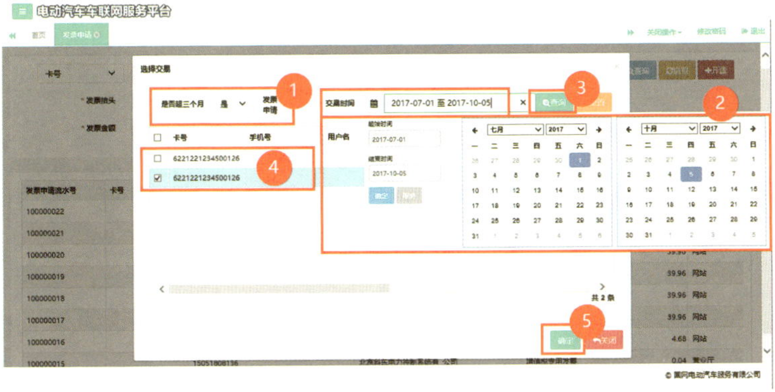

图2-84　充电消费记录查询

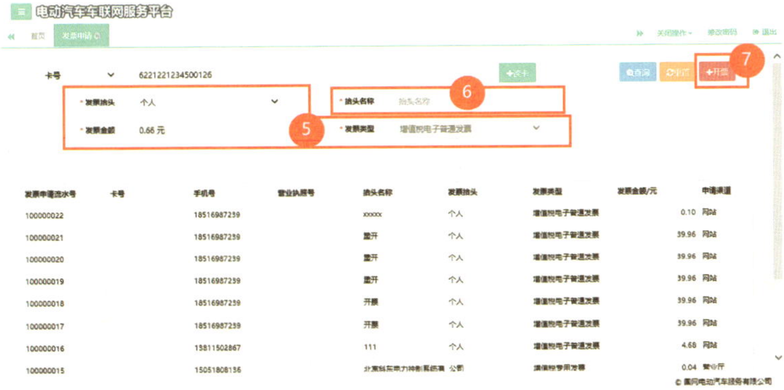

图2-85　核对发票信息

（7）点击【开票】按钮。

（8）确认发票信息无误后，点击【确定】按钮。

（9）提示“开票成功”，点击【确定】按钮。

• 发票详情

在发票申请页面，查看刚刚开具的发票记录（能看到营业员本人近期内开具的发票）。

（1）查看操作如图2-86所示，操作步骤如下：

1）点击发票记录的【查看】按钮。

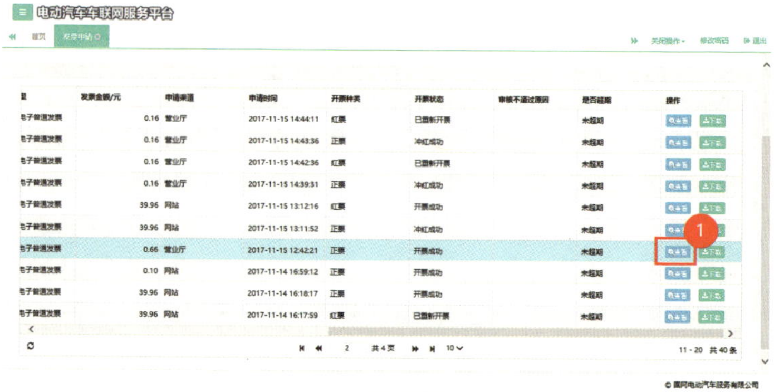

图2-86　查看发票操作

2）弹出查看明细弹出框，可在弹出框中查看该发票的详细信息，核对发票的详细信息，如图2-87所示。

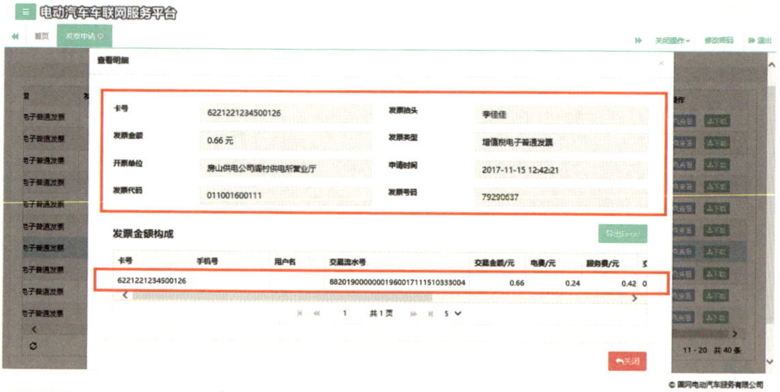

图2-87　查看明细弹出框

3）在图2-87中可点击【导出Excel】按钮进行导出操作。

（2）下载操作如图2-88所示，操作步骤如下：

1）点击发票记录的【下载】按钮。

2）弹出提示框，提示打开、保存或取消。

3）点击【打开】或【保存】按钮，提示下载完成。

图2-88 下载操作

电子发票样式如图2-89所示（下载后的电子发票必须通过PDF程序打开，进行查看或打印）。

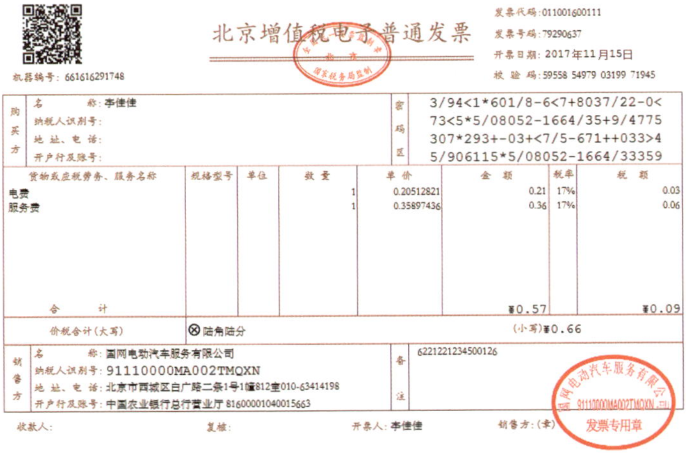
北京增值税电子普通发票

发票代码：011001600111
发票号码：79290637
开票日期：2017年11月15日
校验码：59558 54979 03199 71945
机器编号：661616291748

购买方	名称：李佳佳 纳税人识别号： 地址、电话： 开户行及账号：				密码区	3/94<1*601/8-6<7+8037/22-0< 73<5*5/08052-1664/35+9/4775 307*293+-03+<7/5-671++033>4 5/906115*5/08052-1664/33359	
货物或应税劳务、服务名称	规格型号	单位	数量	单价	金额	税率	税额
电费			1	0.20512821	0.21	17%	0.03
服务费			1	0.35897436	0.36	17%	0.06
合计					¥0.57		¥0.09
价税合计（大写）	⊗陆角陆分				（小写）¥0.66		
销售方	名称：国网电动汽车服务有限公司 纳税人识别号：91110000MA002TMQXN 地址、电话：北京市西城区白广路二条1号1幢812室010-63414198 开户行及账号：中国农业银行总行营业厅 81600001040015663				备注	6221221234500126	

收款人： 复核： 开票人：李佳佳 销售方：（章）

图2-89 发票样式

注意：点击申请成功的增值税电子普通发票的【下载】按钮，可下载电子发票到本地磁盘；增值税专用发票则不提供下载功能。

41. 如何申请增值税专用发票？

• 申请增值税专用发票

增值税专用发票开具的操作步骤同增值税电子普通发票。

（1）在图2-90中，核对发票信息，信息无误后选择并填写发票所需要的具体信息（发票抬头为公司、发票类型为增值税专用发票），点击【开票】按钮。

图2-90　填写发票信息

（2）确认发票信息，如图2-91所示。确认发票信息无误后，点击【确定】按钮。

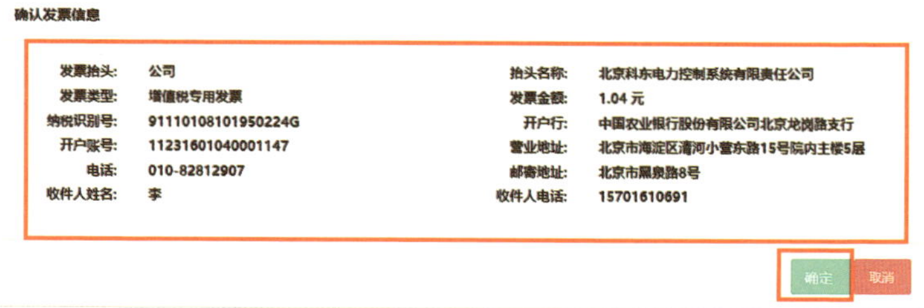

图2-91　确认发票信息

（3）提示“发票待审核”，点击【确定】按钮。公司增值税专用发票进入待审核状态，等待发票管理员进行审核。

• 待审核的增值税专用发票详情

在发票申请页面，查看刚刚开具的发票记录（能看到营业员本人的近期内开具的发票）。

（1）点击发票记录的【查看】按钮。

（2）弹出查看明细弹出框，可在弹出框中查看该发票的详细信息，核对发票的详细信息，如图2-92所示。

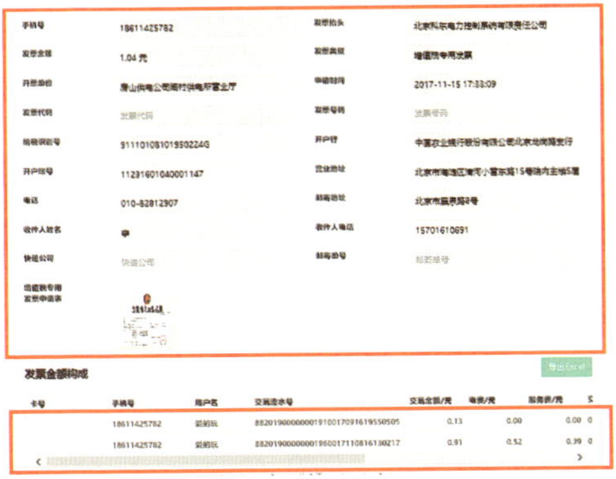

图2-92　明细弹出框

（3）在弹出框中可点击【导出Excel】按钮进行导出操作。

第四节　充电卡操作记录查询

42. 如何进行充值记录查询？

点击车联网服务平台左侧菜单中的【综合查询】→【充值记录查

询】，如图2-93所示。

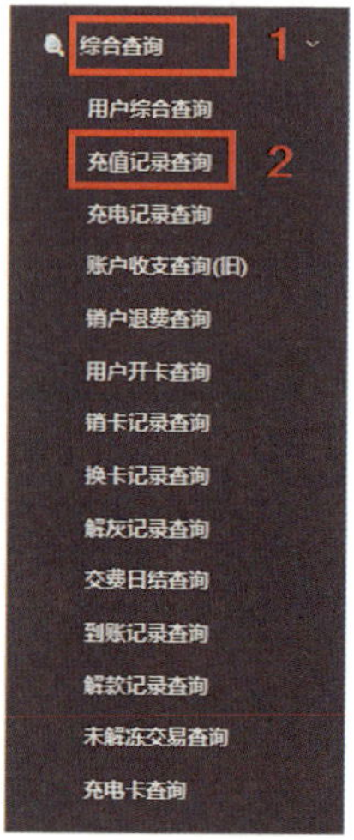

图2-93　充值记录查询菜单

工作人员可以根据卡号（可用读卡器读卡，也可手动录入）、手机号、业务流水号、交易单位、订单流水号、支付方式、交易类型、充值状态、交易时间、是否冲正等查询条件进行充值记录查询，如图2-94所示。

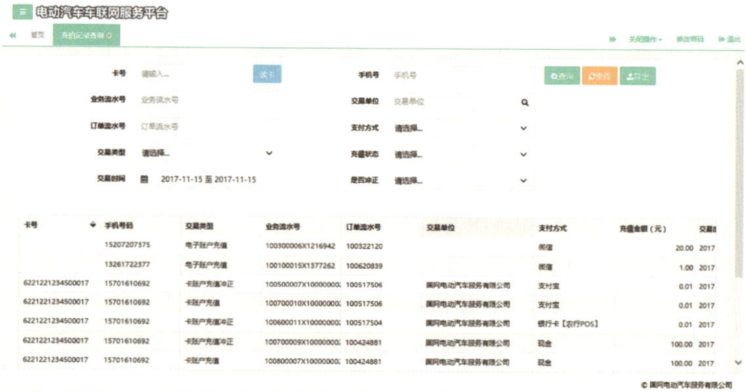

图2-94　充值记录查询页面

对于查询到的充值记录信息，可以点击【导出】按钮，将查询结果导出到Excel表格中。当查询结果条数较多时，可根据系统提示分批次完成导出。

点击【重置】按钮，可清除查询条件。

注意：打开页面时，默认显示当天的充值记录。

43. 如何进行充电交易查询？

点击车联网服务平台左侧菜单中【综合查询】→【充电记录查询】，如图2-95所示。

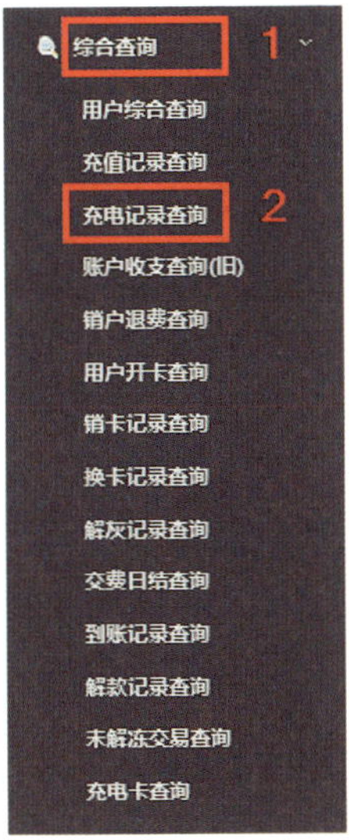

图2-95 充电记录查询

工作人员可以根据卡号（可用读卡器读卡，也可手动录入）、手机号、交易流水号、交易单位、充电方式、充电结束日期区间、充电站、充电桩编号、订单状态、复核流水号、是否开具发票、复核状态、支付流水号等查询条件进行充电记录查询，如图2-96所示。

对于某一条充电记录，可以点击最后一列中的【查看】按钮，查看该条充电记录的详情信息。

对于查询到的充电记录信息，可以点击【导出】按钮，将查询结果导出到Excel表格中。当查询结果条数较多时，可根据系统提示分批次完成导出。

点击【重置】按钮，可清除查询条件。

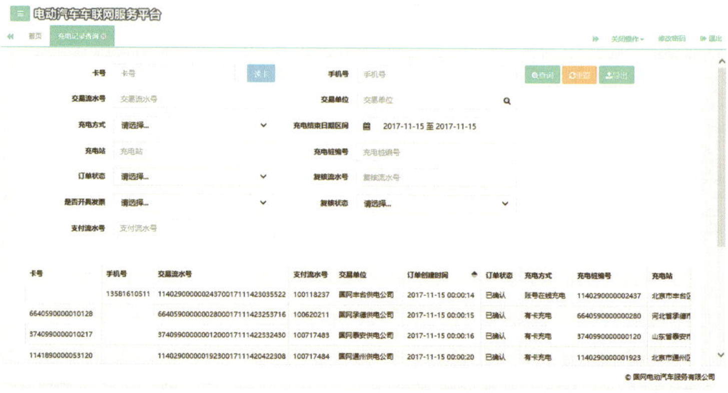

图2-96 充电记录查询页面

注意：打开页面时，默认显示当天的充电记录。

44. 如何进行换卡记录查询？

点击车联网服务平台左侧菜单中【综合查询】→【换卡记录查询】，如图2-97所示。

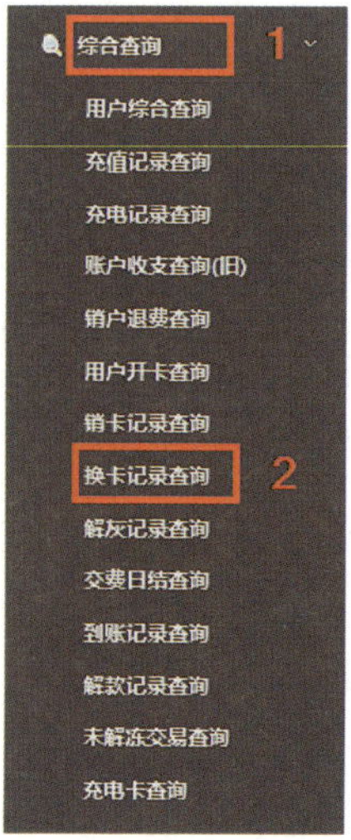

图2-97 换卡记录查询菜单

工作人员可以根据新卡号（可用读卡器读卡，也可手动录入）、换卡时间等查询条件进行换卡记录查询，如图2-98所示。

对于查询到的销卡记录信息，可以点击【导出】按钮，将查询结果导出到Excel表格中。当查询结果条数较多时，可根据系统提示分批次完成导出。

点击【重置】按钮，可清除查询条件。

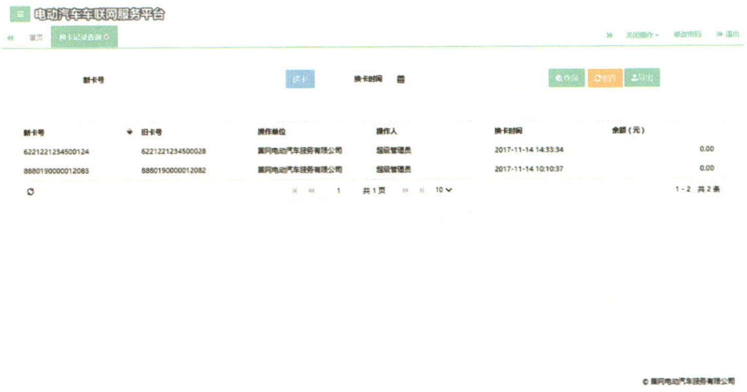

图2-98 换卡记录查询页面

⊙ 45. 如何进行销卡退费记录查询？

点击车联网服务平台左侧菜单中【综合查询】→【销卡记录查询】，如图2-99所示。

工作人员可以根据卡号（可用读卡器读卡，也可手动录入）、用户名、银行卡号、银行户名、联系电话、退费状态、申请时间等查询条件进行销卡记录查询，如图2-100所示。

对于查询到的销卡记录信息，可以点击【导出】按钮，将查询结果导出到Excel表格中。当查询结果条数较多时，可根据系统提示分批次完成导出。

点击【重置】按钮，可清除查询条件。

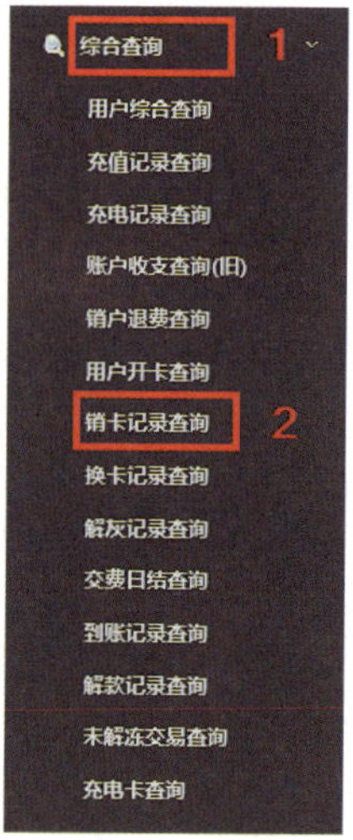

图2-99　销卡记录查询

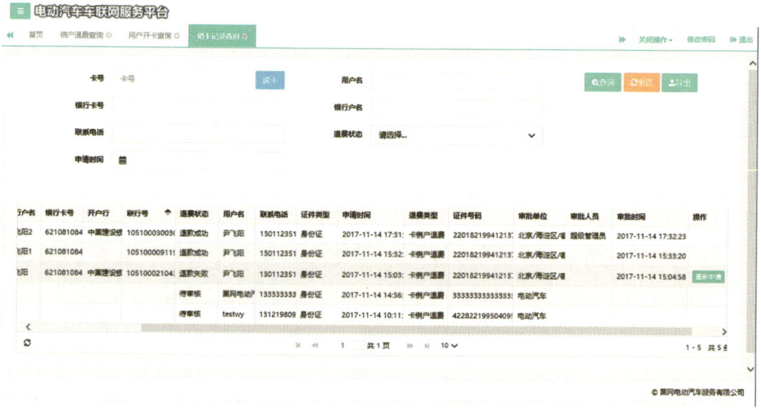

图2-100　销卡记录查询页面

对于退费状态为“退款失败”的记录，可以点击列表中最后一列的【重新申请】按钮，根据审核失败原因修改信息后，点击【确认】，重新提交退款申请，如图2-101所示。

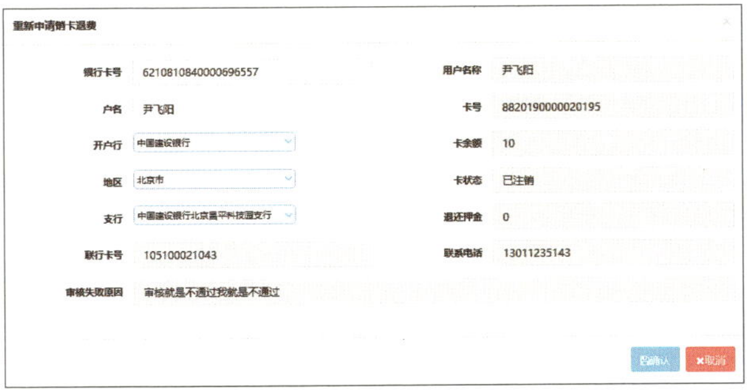

图2-101　重新申请销卡退费页面

46. 如何进行解灰记录查询?

点击车联网服务平台左侧菜单中【综合查询】→【解灰记录查询】，如图2-102所示。

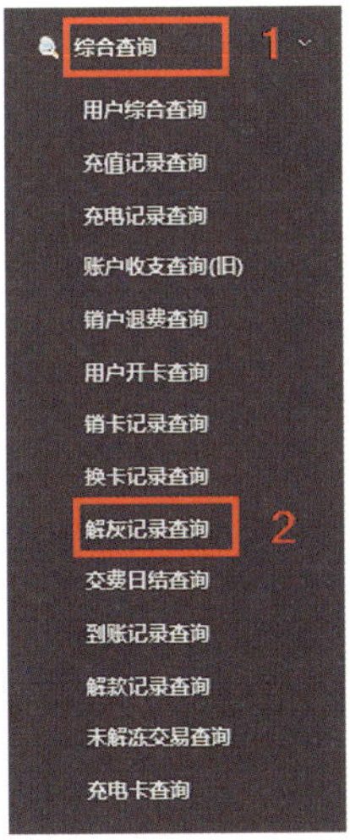

图2-102　解灰记录查询

工作人员可以根据卡号（可用读卡器读卡，也可手动录入）、灰锁时间、解灰渠道、解灰类型等查询条件进行解灰记录查询，如图2-103所示。

对于查询到的解灰记录信息，可以点击【导出】按钮，将查询结果导出到Excel表格中。当查询结果条数较多时，可根据系统提示分批次完成导出。

点击【重置】按钮，可清除查询条件。

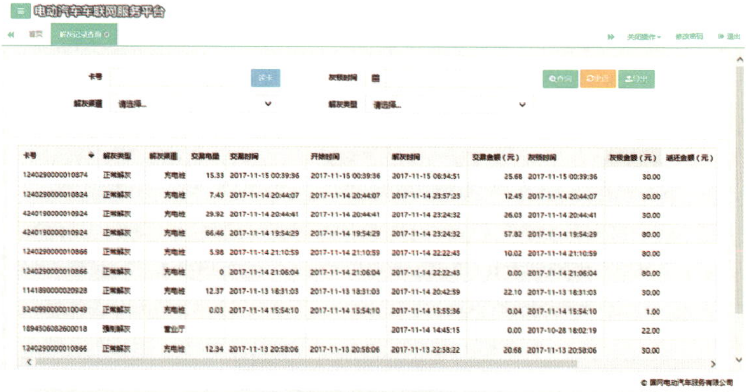

图2-103 解灰记录查询页面

47. 如何进行未解款记录查询?

点击车联网服务平台左侧菜单中【综合查询】→【解款记录查询】，如图2-104所示。

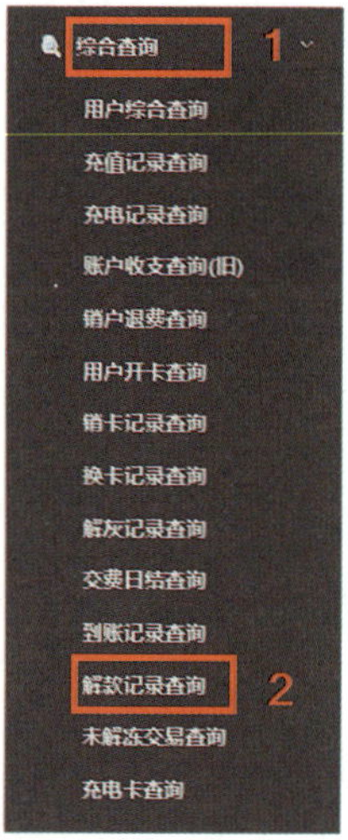

图2-104 解款记录查询菜单

在图2-105所示页面中，解款状态选择未解款，点击【查询】按钮。

工作人员可以根据解款单位、费用类型、解款起始日期、解款单号、解款状态、到账状态等查询条件进行解款记录查询。

对于某一条未解款记录，可点击最

后一列中的【查看】按钮，可查看未解款信息详情。

对于查询到的未解款记录信息，可以点击【导出】按钮，将查询结果导出到Excel表格中。当查询结果条数较多时，可根据系统提示分批次完成导出。

点击【重置】按钮，可清除查询条件。

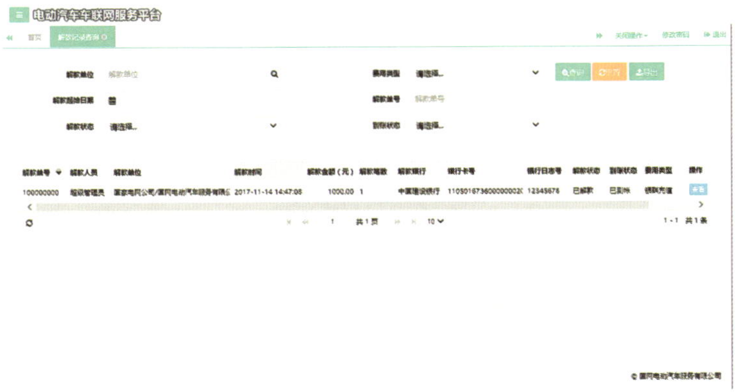

图2-105 解款记录查询页面

48. 如何进行解款记录查询?

点击车联网服务平台左侧菜单中【综合查询】→【解款记录查询】，如图2-104所示。

在图2-105所示页面中，解款状态选择已解款，点击【查询】按钮。其余操作步骤同未解款记录查询。

49. 如何进行到账确认记录查询?

点击车联网服务平台左侧菜单中【综合查询】→【到账记录查询】，如图2-106所示。

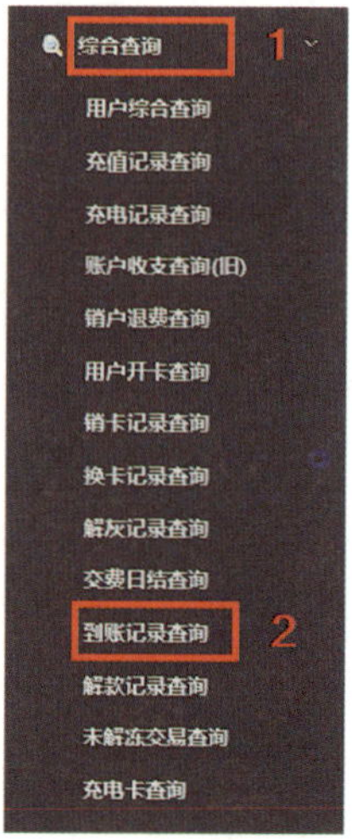

图2-106 到账记录查询

工作人员可以根据付款单位、费用类型、到账确认日期等查询条件进行到账记录查询，如图2-107所示。

对于查询到的到账记录信息，可以点击【导出】按钮，将查询结果导出到Excel表格中。当查询结果条数较多时，可根据系统提示分批次完成导出。

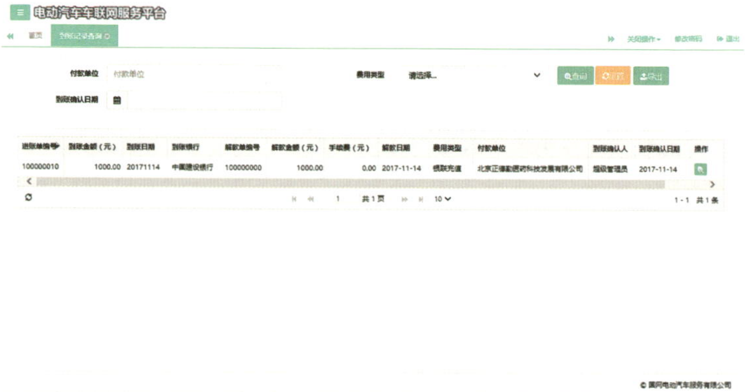

图2-107 到账记录查询页面

点击【重置】按钮，可清除查询条件。

选择要打印到账确认凭证的记录，点击该记录最后一列中的按钮，弹出电动汽车到账确认凭证页面，点击【打印】按钮，可打印该凭证，如图2-108所示。

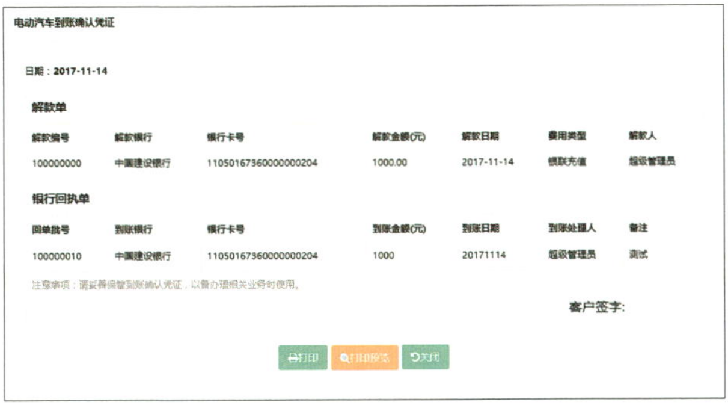
电动汽车到账确认凭证

日期：2017-11-14

解款单

解款编号	解款银行	银行卡号	解款金额(元)	解款日期	费用类型	解款人
100000000	中国建设银行	11050167360000000204	1000.00	2017-11-14	银联充值	超级管理员

银行回执单

回单批号	到账银行	银行卡号	到账金额(元)	到账日期	到账处理人	备注
100000010	中国建设银行	11050167360000000204	1000	20171114	超级管理员	测试

注意事项：请妥善保管到账确认凭证，以备办理相关业务时使用。

客户签字:

打印　打印预览　关闭

图2-108　到账确认凭证

第五节　充换电设施用电报装服务

50. 充换电设施用电报装业务如何分类?

充换电设施用电报装业务分为以下两类。①第一类：居民客户在自有产权或拥有使用权的停车位（库）建设的充电设施。②第二类：其他非居民客户（包括高压客户）在政府机关、公用机构、大型商业区、居民社区等公共区域建设的充换电设施。

充换电设施，是指与电动汽车发生电能交换的相关设施的总称，一般包括充电站、换电站、充电塔、分散充电桩等。当客户办理报装充电设施业务时，供电企业按客户类别（分为居民客户与其他非居民客户）进行办理。客户可在自有产权地或经产权单位同意后可使用地上建设充电设施，并向供电企业提交用电报装业务，居民客户主要是低压用电，执行居民生活电价，其他非居民客户主要是高压和低压用电，执行国家规定的目录销售电价。

51. 充换电设施用电报装的一般原则有哪些？

充换电设施用电报装应严格按照国家电网公司的相关规定执行，具体如下：

（1）充换电设施受电及接入系统工程由客户投资建设，其设计、施工及设备材料供应单位由客户自主选择；国家电网公司在充换电设施用电申请受理、设计审查、装表接电等全过程服务中，不收取任何服务费用，并投资建设因充换电设施接入引起的公共电网改造。对应用覆盖率达到一定规模的居住区，新建低压配网，保证电动汽车充换电设施用电需求。

（2）为保证电网安全和电能质量，防止向电网倒送电，对分散式充电桩需加装逆功率保护；充换电站如需通过利用储能电池向电网送电，应按照国家电网公司分布式电源要求办理相关手续，并采取专用开关、防孤岛装置等措施。

（3）充换电设施工程设计和施工建设应符合国家相关规定，电网接入点的电能质量应满足国家和行业标准。

52. 对向电网经营企业直接报装接电的经营性集中式充换电设施用电，应执行什么电价？

对向电网经营企业直接报装接电的经营性集中式充换电设施用电，执行大工业用电价格，2020年前暂免收基本电费。经营性是指以盈利为目的的商业服务，充换电站须履行国家相关规定到对应国家机构办理相关营业执照。集中式是指具有一定数量、规模和充换电服务能力的充换电站，具体定义标准由当地政府相关部门确定。大工业电价按受电变压器容量大小进行执行：315千伏安以下的执行单一制电价标准；315千伏安及以上的执行两部制电价标准。两部制电价由基本电价、电能电价和功率因数调整电费三部分构成。基本电价是指按用户受电变压器（千伏安）或最大需量（千瓦）计算的电价；电能电价是指按用户实用电量（千瓦）计算的电价；功率因数调整电费是指根据用户月加权平均功率因数调整减收或增收的电费。为鼓励社会企业投资建设充换电设施，国家特别提出，2020年前暂免收基本电费。

53. 充换电设施产权分界点至电网的配套接网工程由谁负责建设和运行维护？

电网企业要做好电动汽车充换电配套电网建设改造工作，电动汽车充换电设施产权分界点至电网的配套接网工程，由电网企业负责建设和运行维护，不得收取接网费用，相应成本纳入电网输配电成本统一核算。所谓输配电成本是指电网经营企业为输送和提供电能在输配环节所发生的成本支出。电网企业为支持电动汽车事业发展并履行社会责任，承担投资建设因充换电设施接入引起的公共电网改造工作；同时对应用覆盖率达到一定规模的居住区新建低压配网，保证电动汽车充换电设施用电需求。投资建设工程界面划分为电动汽车充换电设施产权分界点至电网的配套接网。

54. 客户办理充换电设施业扩报装业务需要提供哪些资料？

客户办理充换电设施业扩报装业务时，根据客户类别不同需提供不同的用电资料。居民低压客户需提供居民身份证或户口本、固定车位产权证明或产权单位许可证明、物业出具同意使用充换电设施的证明材料；非居民客户需提供身份证、固定车位产权证明或产权单位许可证明、停车位（库）平面图、物业出具允许施工的证明等资料，高压客户还需提供政府职能部门批复文件等证明材料。

55. 充换电设施用电报装服务流程和时限要求是什么?

（1）业务受理。地市/区县公司营销部（客户服务中心）受理客户报装申请时，应主动为客户提供用电咨询服务，接收并查验客户的申请资料。对于居民低压客户，由各单位编制供电方案模板，在受理申请时直接答复供电方案；对于其他客户，应与客户预约现场勘查时间；对于非营业厅受理的，由属地公司在现场勘查时答复方案。

（2）现场勘查。地市/区县公司营销部（客户服务中心）在组织现场勘查时，应重点核实客户负荷性质、用电容量、用电类别等信息，结合现场供电条件，确定电源、计量、计费方案，并填写《现场勘查工作单》。现场勘察工作时限：自受理申请后1个工作日内完成。

（3）方案制定。地市/区县公司营销部（客户服务中心）根据国家、行业相关技术标准组织确定供电方案，并答复客户；同时告知客户委托设计的有关要求及注意事项。答复供电方案工作时限：自受理之日起低压客户1个工作日、高压客户15个工作日内完成。

（4）图纸审查。地市/区县公司营销部（客户服务中心）在受理客户设计审查申请时，接收并查验客户设计资料，审查合格后正式受理，并组织运维检修部（检修公司），按照国家、行业标准及供电方案要求进行设计审查。答复客户设计审查结果的同时，告知客户委托施工有关要求及注意事项。设计审查工作时限：自受理设计审查申请后10个工作日内完成。

（5）竣工验收。地市/区县公司营销部（客户服务中心）在受理客户充换电设施竣工检验申请后，组织进行工程验收，并出具验收报告。验收过程应重点检查是否存在超出电动汽车充电以外的转供电行为，充换电设施的电气参数、性能要求、接口标准、谐波治理等是否符合国家或行业标准。若验收不合格，提出整改意见，待整改完成后复检。其中，对于居民客户，若验收合格并办结有关手续，在竣工检验时同步完成装表接电工作。竣工检验工作时限：自受理竣工检验申请后，低压客户 1 个工作日、高压客户5个工作日内完成。

（6）签订合同。地市/区县公司营销部（客户服务中心）负责办理与客户《供用电合同》的签订工作，其中居民低压客户采取背书方式；其他客户签订《供用电合同》。

（7）装表接电。在验收合格且客户签订合同并办结相关手续后，地市/区县公司营销部（客户服务中心）组织完成装表接电工作。装表接电工作时限：非居民低压客户1个工作日、高压客户5个工作日内完成。

（8）档案归档。装表接电完成后，应及时收集、整理并核对归档信息及报装资料，建立客户信息档案及纸质档案。

第三章

充换电交易结算服务

第一节　充电电价政策

56. 对居民家庭住宅、居民住宅小区、执行居民电价的非居民用户中设置的充电设施用电，应执行什么电价？

对居民家庭住宅、居民住宅小区、执行居民电价的非居民用户中设置的充电设施用电，执行居民用电价格中的合表用户电价。执行居民电价的非居民用户主要包含公办、民办学校，部队营房，民政部门登记不以盈利为目的的社会福利院、儿童福利院等用户。合表用户是指多户居民共同使用一个计量总电能表，并按月将总表抄见电量作为与供电公司电费结算依据，每户按分表抄见电量结算，并分摊线路损耗，一般由物业公司统一收钱向供电公司交纳电费。目前合表用户暂不执行阶梯电价，无论使用多少电量均按最低一档电价计算。而相对于合表用户，目前最常见的一户一表用户执行阶梯电价。国家对除向电网经营企业直接报装接电的经营性集中式充换电设施用电执行大工业用电价格外，其他充电设施按其场所执行分类目录电价。

57. 对党政机关、企事业单位和社会公共停车场中设置的充电设施用电，应执行什么电价？

对党政机关、企事业单位和社会公共停车场中设置的充电设施用电，执行一般工商业及其他类用电价格。党政机关包括党的机关、人大机关、行政机关、政协机关、审判机关、检察机关，也包括各级党政机关派出机构、直属事业单位及工会、共青团、妇联等人民团体。企业单位是以盈利为目的独立核算的法人或非法人单位，事业单位是以政府职能、公益服务为主要宗旨的一些公益性单位、非公益性职能部门等，比如学校、医院等常见场所。社会公共停车场是指由交通部门专门划设的供车辆停放的车辆集散场所。一般工商业及其他电价类别包括普通工业、非工业、非居民和商业等电价类别。对党政机关、企事业单位和社会公共停车场中设置的充电设施用电执行分类目录电价。

58. 电动汽车充换电设施用电是否执行峰谷分时电价政策？

电动汽车充换电设施用电执行峰谷分时电价政策。鼓励电动汽车在电力系统用电低谷时段充电，提高电力系统利用效率，降低充电成本。峰谷分时电价是指根据电网的负荷变化情况，将每天24小时划分为高峰、平段、低谷等多个时段，并对各时段分别制定不同的电价水平，峰段电价偏高，平段电价居中，谷段电价偏低，鼓励用电客户合理安排用电时间，减少峰段时间充电，增加谷段时间充电，削峰填谷，降低用电客户充电成本，提高电力资源的利用效率。

59. 充换电设施经营企业可向电动汽车用户收取哪些费用？

充换电设施经营企业可向电动汽车用户收取电费及充换电服务费两项费用。其中，电费执行国家规定的电价政策，充换电服务费用于弥补充换电设施运营成本。充换电设施经营企业是以盈利为目的，经国家主管部门允许并取得充换电设施运营营业执照的合法企业。其中，电费收费标准根据国家相关部门指定的电价类别收取；而服务费是用于弥补充换电运营方关于充换电设施损耗、检修、场地、人工等运营成本，收取标准由省级人民政府价格主管部门或其授权的单位制定并调整。各充换电设施经营者应当对充换电电费和充换电服务费进行明码标价，不得在充换电服务费之外加收其他项目的收费。

60. 电动汽车充换电服务费的制定依据是什么？

2020年前，电动汽车充换电服务费实行政府指导价。充换电服务费标准上限由省级人民政府价格主管部门或其授权的单位制定并调整。制定充换电服务费标准应遵循“有倾斜、有优惠”的原则，在国家及地方政府通过财政补贴、无偿划拨充换电设施建设场所等方式降低充换电设施建设运营成本的基础上，确保电动汽车使用成本显著低于燃油（或低于燃气）汽车使用成本，增强电动汽车在终端市场的竞争力。当电动汽车发展达到一定规模并在交通运输市场具有一定竞争力后，结合充换电设施服务市场发展情况，逐步放开充换电服务费，通过市场竞争形成价格。依据2017年的全国充换电服务费数据，各地政府指导价格根据各地实际情况制定，例如北京市公共充电桩每千瓦时收费的上限标准为当日92号汽油每升最高零售价的15%，上海直流充电服务费最高不超过每千瓦时1.3元，江西充电服务费为2.36元/千瓦时（含电费）。

第二节　抄核收服务

61. 充电桩计费模型现场核实工作的要求是什么？

充电桩接入后，若电价和充电服务费标准变更或平台监控组人员发现计费模型异常，属地运维人员应现场核实计费模型，重点做好以下几点：

（1）查看车联网平台计费模型召唤验证结果，排查召唤充电桩计费模型与车联网平台不一致的记录。

（2）打印召唤异常记录，到充电桩现场进行核实。现场检查中，如发现网络通信故障，应联系通信人员处理；如发现TCU版本与规定版本不符，应将TCU升级到最新版本。处理完毕后，巡视员对充电桩进行重启，重新检查充电桩计费模型，确认与平台一致后进行登记归档。

（3）在计划巡视工作中，应制订巡视计划，对所有充电桩计费模型进行核查。如发现充电桩计费模型异常，应进行现场核实处理，处理完毕后登记归档。

62. 车联网中电费计费模型和服务费模型申请需要输入什么内容？

车联网中电费计费模型和服务费模型申请时，输入内容包括申请单位、适用区域、政策标准文号、模型名称、模型编号、计量方式、计量类型、充电桩类型、电价类型、生效时间、失效时间、峰谷/丰枯和季节电价各段类型单位费率，其中电费模型须提交各时段执行起止时间。

63. 充电桩现场核抄工作的内容是什么？

充电设施巡视员按照规定的核抄周期和核抄例日准确抄录充电桩计费控制单元（TCU）及计量装置记录的数据，并与车联网平台充电消费记录、远程抄表表底值进行比对分析。

64. 充电设施用电抄见电量是根据哪些因素计算得出的？

充电设施用电抄见电量根据本次示数、上次示数和综合倍率计算得出。目前国家电网的充电设施大部分采用桩上计量，分为直流、交流两种计量方式，直流桩采用直流表计量，交流桩采用交流表计量。计算公式为：

充电设施用电抄见电量i=（表计的本次示数i_1－上次示数i_2）×综合倍率

式中：i代表各种时段用电类型，如峰、平、谷等。

在电能计量中，倍率有两种用途：一种是电能表倍率；一种是互感器倍率。电能表的倍率在电能表的表盘上有标识，没有标识的电能表倍率就是1。通常所说的倍率多指互感器的倍率。互感器分为电压互感器和电流互感器，是为了测量高电压和大电流而设计的，通常用于高压计量。互感器倍率的计算方法是电压互感器变比与电流互感器变比之积。

65. 车联网电量计算工作中，抄见电量如何计算？

车联网电量计算工作中，表计正常时，抄见电量i=（本次示数i_1－上次示数i_2）×综合倍率。表计倒转（线路接反所引起的电能表倒走）时，抄见电量i=（上次示数i_1－本次示数i_2）×综合倍率。其中i代表各种时段用电类型，如峰、平、谷等。

在车联网中，按表计抄见电量作为与客户的结算依据，该表计应在国家相关技术检测部门进行质量、参数设定、精度等主要方面检测，形成计量器具检定证书。一旦表计出现计量不准确或反转等情况，表计资产所属单位需将表计再次送到国家相关技术检测部门进行检测，确定不合格的表计可采取更换表计的措施。

66. 车联网电量电费计算时应注意哪些事项?

车联网电量计算工作中应注意：抄表时，本次示数、上次示数、抄见电量保留两位小数；若分时表的尖、峰、平、谷电量之和与总电量不相等，以总、尖、峰、谷四个示数为基准，平电量等于总电量与尖、峰、谷电量之差；车联网电费、充电服务费计算工作中，电价按照国家电价文件规定保留全部小数，电费和充电服务费保留两位小数。

67. 车联网电费计算工作中，如果用户执行复费率计费方式，分时段电费、充电服务费如何计算?

车联网电费、充电服务费计算工作中，若用户执行复费率计费方式，则应分别按分时段抄见电量及其对应的分时段电价、充电服务费标准来计算各项分时段电费、充电服务费。所谓复费率计算方式就是可以设置不同时段和不同费率的方式，可按峰段、平段和谷段时间分别记录用电量，按各时段对应的不同的电费价格、充电服务费分别计算出不同时段的电费和服务费，将不同时段计算出的电费与服务费相加，可得用户本次充电的总费用。用户可主动根据不同时段电价价格比对采取避峰填谷的措施选择充电时间，峰段时间少充电，谷段时间多充电，既优化了用电效率，又获得了价格优势，有利于供需双方。

68. 充电站电量管理有哪些要求? 充电桩交易结算以什么为依据?

充电站关口表及电量纳入国家电网有限公司用电信息采集管理；

充电桩交易结算表按照《国网营销部关于加强电动汽车充电桩内部计量器具首检工作的通知》(营销计量【2016】19号)要求管理,电量纳入车联网平台管理。收费与结算以充电桩交易结算表所计电量为准(专用充电站根据实际情况而定)。车联网平台收费与结算包含了电能电费计算、充换电服务费计算、清分结算电费和充换电服务费。电能电费计算是依据用电客户的抄见电量及该部分电量所对应的目录电能电价执行标准计算出来的电费。充换电服务费是指按照国家有关法律、行政法规规定,依据用电客户的抄见电量及该部分电量所对应的充换电服务费标准计算出来的服务费。清分结算电费、充换电服务费依据为充电桩充电消费记录,即每日充电消费数据复核后发行的电费、充换电服务费。清分结算依据为充电桩充电消费记录,即每日充电消费数据复核后发行的抄见电量。

69. 充电桩上TCU计费模型如何执行?

车联网通过充电桩上的TCU采集表计基础信息,经设定公式计算,发送数据到后台实现电费电量结算。TCU计费模型至关重要,具体执行标准如下:

(1)充电桩电价及服务费价格严格执行国家和地方物价部门有关价格政策,在政策限定价格区间内,实际执行价格由国网电动汽车服务有限公司与属地省公司协商确定,并适时开展优惠或套餐活动。

(2)各省公司计费模型管理员通过车联网平台配置政策标准,提交电费计费模型和服务费模型。国网电动汽车服务有限公司计费模型管理员审核计费模型,各省公司计费模型管理员归档。充电桩在初次注册或者计费模型变更时可根据系统内已有计费模型进行选择,下发成功后,则该计费模型生效。充电桩计费模型显示界面如图3-1所示。

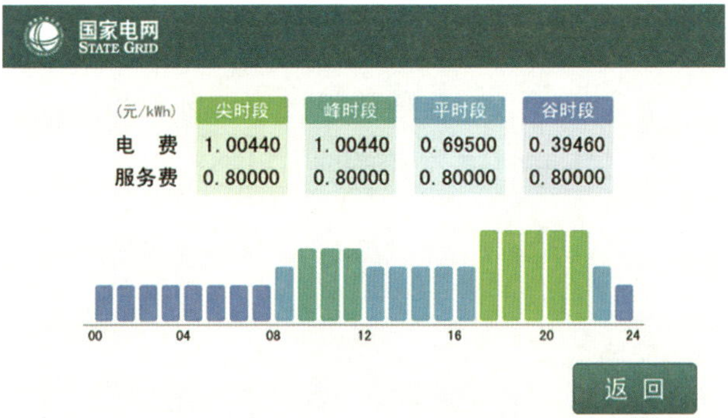

图3-1 充电桩计费模型显示界面

第三节 清分结算服务

70. 清分结算工作时间节点及流程是什么？

国网电动汽车服务有限公司每月21日将上月（上月21日零时至本月20日24时）充电交易数据明细推送给省公司，省公司组织所属单位核对无误后在车联网平台进行确认，并于25日前，向国网电动汽车服务有限公司开具增值税专用发票（电费和服务费分行列示）。清分周期为每月一次。清分结算单位为省公司，省内结算由省公司按照推送的交易数据自行开展。如采用营销系统开具发票，省公司可与国网电动汽车服务有限公司协商，授权地市公司进行清分结算。如需委托省属电动汽车公司开具发票，省公司可与国网电动汽车服务有限公司协商，授权本省电动汽车公司进行清分结算。经省公司委托，省属县级子公司可与国网电动汽车服务有限公司进行结算。如被委托单位分布分散，省公司需将发票收齐后，统一邮寄到国网电动汽车服务有限公司。

71. 清分结算数据存在异议应如何处理?

对交易数据存在异议，应先确认无争议部分数据，争议部分数据留待下月处理。国网电动汽车服务有限公司于次月5日前通过中国电力财务有限公司向省公司结算，省内结算由省公司按照推送的交易数据自行开展。省公司清分结算角色汇总所属单位充电桩充电交易数据，确认充电电量、价格、费用无误后，于1个工作日内将数据提交国网电动汽车服务有限公司。如对交易数据存在异议，应将争议部分数据退回所属单位重新处理。对于存在争议的数据，详细分析原因，提出解决方案，经由国网电动汽车服务有限公司清分结算员进行数据核查后次月处理。对于错误数据的分析可先通过技术手段提取充电桩上原始数据，与车联网交易数据比对，可初步判断错误数据出现的时间，以TCU采集数据和发送数据为时间节点，然后再逐一排查。

72. 在车联网收费与结算业务中，平台充电消费记录复核的作业模式是什么? 具体规定有哪些?

车联网平台实施智能自动复核、人工处理异常的作业模式。严格充电消费数据核算管理，确保充电消费数据的各类数据及参数的完整性、准确性。

加强充电消费数据差错管理，因充电桩离线导致充电消费记录漏传，应发起消费记录补录流程；因充电桩故障、计量装置故障、窃电等原因需要退补充电电量和费用时，应发起电量费用退补流程。两流程均须经逐级审批后方可处理。

充电消费数据复核应认真细致。编制日报表、日累计报表，保证数据完整准确。充电消费数据生成后，应在24小时内完成充电消费数据复核发行工作。车联网平台每天定时自动发起充电消费数据复核任务，按照校核事项和规则对前一天充电桩充电消费数据上传情况进行校核。

国网电动汽车服务有限公司清分结算员每天关注充电消费数据复核情况，发现充电消费数据有异常，及时发起异常处理工单。充电设施巡视员应于当天查找原因，拟定处理方案，经国网电动汽车服务有限公司清分结算员核算后重新复核。发现充电抄表及充电消费记录缺失，充电设施巡视员应现场进行数据补录。如当天无法完成数据补录的，充电设施巡视员或国网电动汽车服务有限公司清分结算员应向项目管理单位申请充电设施停运，并在数据补录工作完成后复投。省（市）公司可查看管辖区域内充电桩充电消费数据复核情况。

73. 车联网平台电费、充电服务费账务管理规定是什么？

严格执行充电费和充电服务费账务管理制度。按照财务制度设置车联网科目，建立客户明细账，明细账应能提供客户名称、结算年月、欠费金额、预收金额、充电电费及充电服务费等信息，做到车联网应收、实收、预收、未收充电费和充电服务费台账及银行对账台账（辅助账）等账目完整清晰、准确无误，确保车联网账目与财务账目一致。

加强车联网业务与财务管理的协同融合。强化充电费和充换电服务费全过程管理，进一步提升管理效率和效益。构建业财一体化运作体系，统一规范业务管理规则和账务核算规则，实现车联网与财务业务融合和流程贯通。具体要求做到统一流程、统一主数据、统一规则、长效运作。统一流程是指在两个系统间建立统一并有效衔接的应收、预收充电费和充电服务费、银行进账信息等业务处理流程。统一主数据是指依据统一的主数据管理平台，实现银行账户、会计科目等业务主数据共享和交互，提高数据传输准确性和时效性。统一规则是指在系统间建立统一的电价码更新、账务核算、账务集成和数据核对规则，进一步明确车联网业务规范处理。长效运作是指按照统一后的流程、主数据和规则对车联网平台和财务管控系统进行改造，通过系统固化流程和规则，确保业财一体化体系长期稳定运行，不断完善提升业财一体化管理水平。

74. 车联网平台电费、充电服务费统计分析规定是什么？

国网电动汽车服务有限公司、各省（市）公司可通过车联网平台统计各类报表，并形成分析报告。建立电费和充电服务费报表数据质量的全过程控制体系，加强数据质量检查与考核，确保统计数据的唯一性、真实性和准确性。

定期开展电费和充电服务费分析，主要内容应包括电量、充电结构、平均价格、大客户用电情况等。报表形式包括日报表、日累计报表、月报表等，明细账与报表应核对一致，保证数据完整准确。日报表以充电桩或地区为维度，根据每天明细数据统计各类充电桩类型、用电性质、客户类型、客户类别、充电时段等项目，统计数据包括充电笔数、电量、电价、充电服务费价格、电费、充电服务费等。周报由一周日报累计生成，日累计报表由每天日报表累计生成。月报表以充电桩或地区为维度，根据每天明细数据统计充电明细报表，以及按充电桩类型、用电性质、客户类型、客户类别、充电时段等项目统计的专业报表。月报表与每月日累计报表应自动勾稽，确保数据完整准确。各使用单位可根据月报汇总形成月累计报表、季报、半年报、年报以及年累计报表。报表使用人可生成、审核、上报，报表上报后予以固化，如需修改应履行审批程序。

第四章

充换电线上服务

第一节 手机客户端服务

75. 线上客服的服务功能有哪些？

线上客户服务的渠道主要包括e充电APP客户端、e充电网站、“国网e充电”微信公众号等渠道。线上客服的服务功能包括会员注册或服务开通，宣传展现，信息公告，信息查询，充值交费和账单服务，业务受理和服务监督。其中：

（1）会员注册或服务开通功能包括用户登录、注册、用户编号绑定、留言、问卷调查、账户信息修改、信息推送。

（2）宣传展现功能包括业务介绍、服务支持和体验。

（3）信息公告功能包括服务信息查询、公告和营业网点查询。

（4）信息查询功能包括充电站点查询、余额查询、充电记录查询、充值记录、消费记录、用户基本档案、实时充电情况查询。

（5）充值交费和账单服务功能包括充电费缴纳、充电发票开具。

（6）业务受理功能包括业务咨询、故障报修、信息订阅退阅。

（7）服务监督功能包括投诉、建议、表扬、意见和举报。

76. 如何下载e充电APP客户端？

e充电APP支持iOS系统和安卓系统，客户可在苹果应用商店、主流安卓应用市场和e充电网站下载，如图4-1所示。

iOS版下载

苹果应用商店 搜索“e充电”

安卓版下载

e充电网站 www.echargenet.com

腾讯应用宝

华为应用市场

百度应用市场

360应用市场

小米应用市场

图4-1　下载客户端界面

77. 如何注册e充电APP客户端账号？

客户注册e充电账号的操作步骤，如图4-2所示。

操作步骤

1. 打开e充电APP
2. 下方菜单选择“我的”
3. 进入“登录/注册”页面，点击“注册”
4. 输入**手机号**和**密码**
5. 获取**验证码**后输入，点击“注册”

注册成功

图4-2　e充电账号注册操作步骤

78. 如何使用e充电APP客户端进行实名认证？

客户进行实名认证的操作步骤，如图4-3所示。

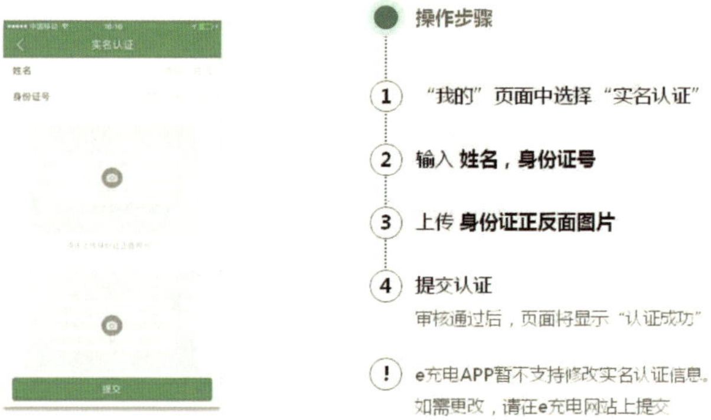
实名认证
姓名
身份证号
提交
操作步骤
1 “我的”页面中选择“实名认证”
2 输入姓名，身份证号
3 上传身份证正反面图片
4 提交认证
审核通过后，页面将显示“认证成功”
! e充电APP暂不支持修改实名认证信息。
如需更改，请在e充电网站上提交

图4-3　实名认证操作步骤

79. 如何使用e充电APP客户端进行充值？

客户使用e充电APP客户端进行充值的操作步骤，如图4-4所示。

用户完成实名认证后，可进行账户退费、申请电子发票等操作。

帮助
列表
附近
距离最近
筛选
操作步骤
1 点击“服务”，选择“充值”；
或点击“我的”“我的余额”，选择“我要充值”
2 选择充值金额
可选￥10，￥20，￥50，￥100
3 选择支付方式
目前支持微信和支付宝
4 点击“确认支付”，将跳转至支付APP
5 支付完成后，点击返回e充电APP查看余额变化和详情

图4-4　e充电APP客户端充值操作步骤

80. 如何使用e充电APP客户端查找充电桩？

客户使用e充电APP客户端查找充电桩的操作过程如下：

（1）首先可选择显示模式，如图4–5所示。

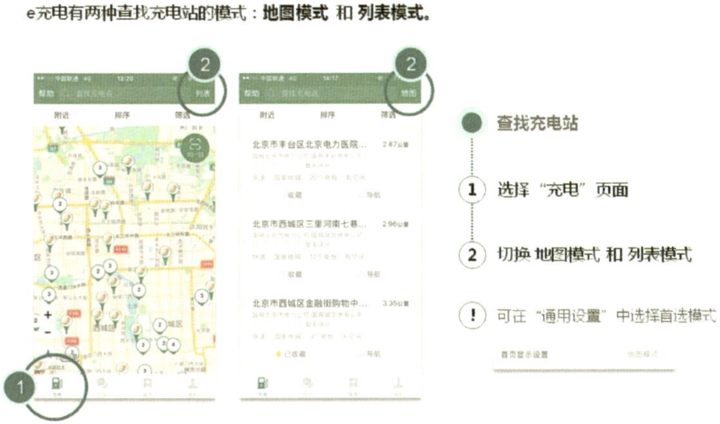
e充电有两种查找充电站的模式：地图模式 和 列表模式。
查找充电站
1 选择“充电”页面
2 切换 地图模式 和 列表模式
! 可在“通用设置”中选择首选模式

图4–5　查找充电桩显示模式

（2）选择好显示模式之后可选择“附近”来进行筛选，如图4–6所示。

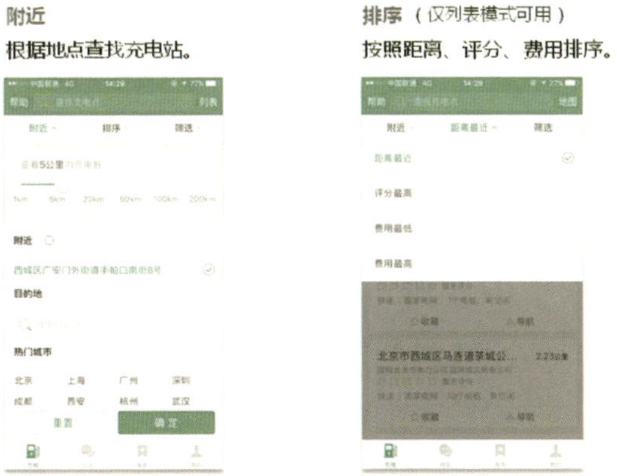
附近
根据地点查找充电站。
排序（仅列表模式可用）
按照距离、评分、费用排序。

图4–6　附近搜索界面图

（3）选择好附近排序之后可设置“搜索”偏好，如图4–7所示。

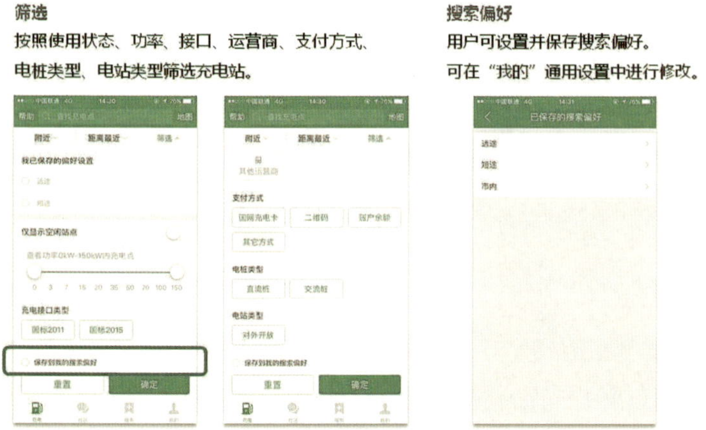
筛选
按照使用状态、功率、接口、运营商、支付方式、
电桩类型、电站类型筛选充电站。
搜索偏好
用户可设置并保存搜索偏好。
可在“我的”通用设置中进行修改。
保存到我的搜索偏好
重置
确定
已保存的搜索偏好

图4-7　搜索偏好设置

（4）在e充电APP客户端首页顶部搜索栏中可输入关键词搜索，如图4-8所示。

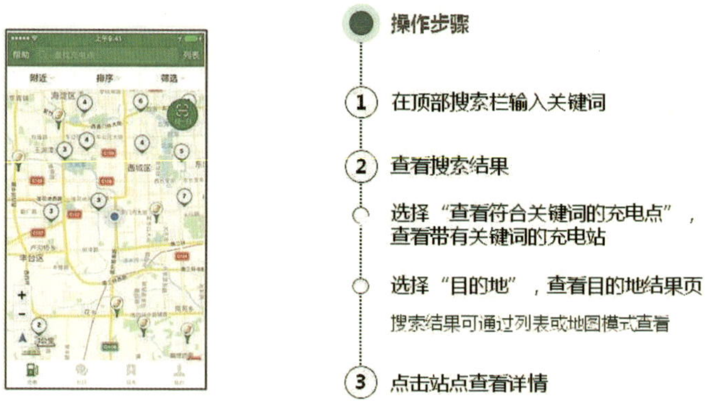
操作步骤
1 在顶部搜索栏输入关键词
2 查看搜索结果
选择“查看符合关键词的充电点”，查看带有关键词的充电站
选择“目的地”，查看目的地结果页
搜索结果可通过列表或地图模式查看
3 点击站点查看详情

图4-8　关键词搜索

（5）也可以进行站点详情查询，如图4-9所示。

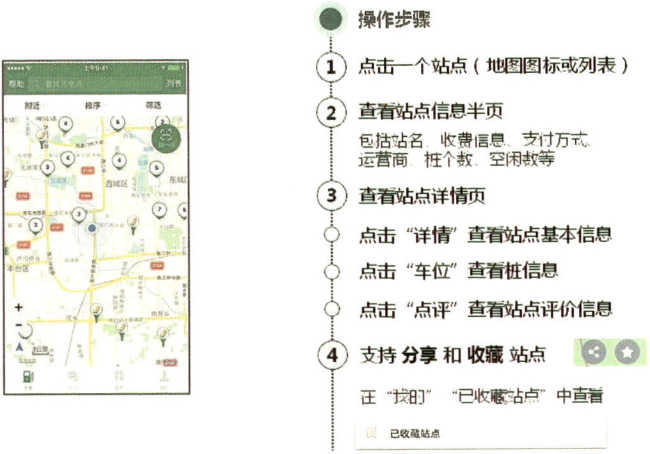
操作步骤
1 点击一个站点（地图图标或列表）
2 查看站点信息半页
包括站名、收费信息、支付方式、运营商、桩个数、空闲数等
3 查看站点详情页
点击“详情”查看站点基本信息
点击“车位”查看桩信息
点击“点评”查看站点评价信息
4 支持 分享 和 收藏 站点
在“我的”“已收藏站点”中查看
已收藏站点

图4-9　站点详情查询

81. 如何使用e充电APP客户端进行充电点导航？

客户使用e充电APP客户端进行充电点导航的操作步骤，如图4-10所示。

充电点信息
北京市丰台区园博园公共充电站
导航
e充电 充电无忧新体验
操作步骤
1 点击 站点半页 或 详情页 的 导航
2 选择第三方导航软件
系统将自动调整至导航软件

图4-10　充电电导航操作步骤

82. 如何使用e充电APP客户端进行二维码扫码充电？

二维码扫码充电过程如下：

（1）首先先进行国网充电桩操作，如图4-11所示。

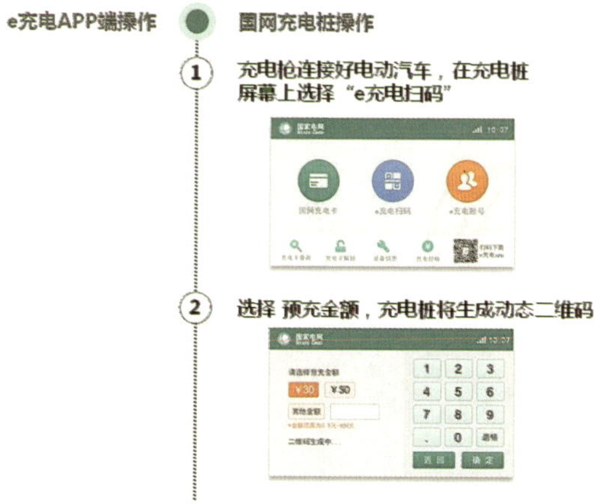
e充电APP端操作
国网充电桩操作
1
充电枪连接好电动汽车，在充电桩屏幕上选择“e充电扫码”
2
选择 预充金额，充电桩将生成动态二维码

图4-11 充电桩操作界面

（2）然后分别在e充电APP客户端和国网充电桩进行如下操作，如图4-12所示。

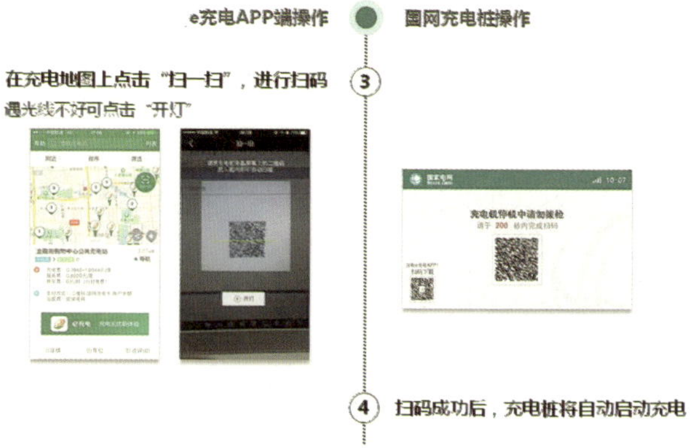
e充电APP端操作
国网充电桩操作
在充电地图上点击“扫一扫”，进行扫码
遇光线不好可点击“开灯”
3
4
扫码成功后，充电桩将自动启动充电

图4-12 e充电APP客户端和充电桩分别操作界面

（3）充电过程中的e充电APP客户端和国网充电桩操作如图4-13所示。

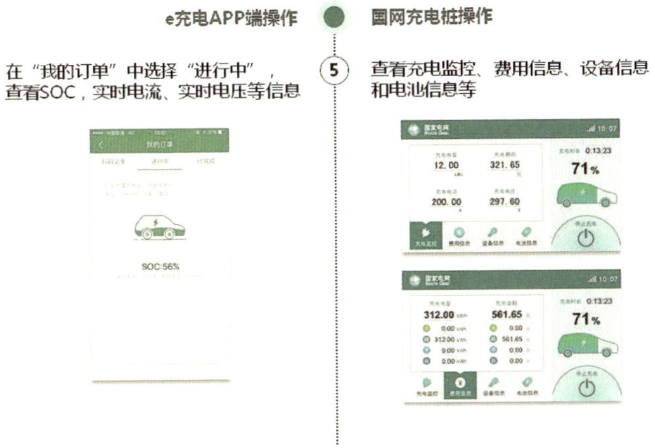
e充电APP端操作
国网充电桩操作
5
在“我的订单”中选择“进行中”，查看SOC，实时电流、实时电压等信息
查看充电监控、费用信息、设备信息和电池信息等
SOC:56%
71%
71%

图4-13　充电中APP客户端和充电桩分别显示界面

（4）充电完成后，e充电APP客户端和国网充电桩操作如图4-14所示。

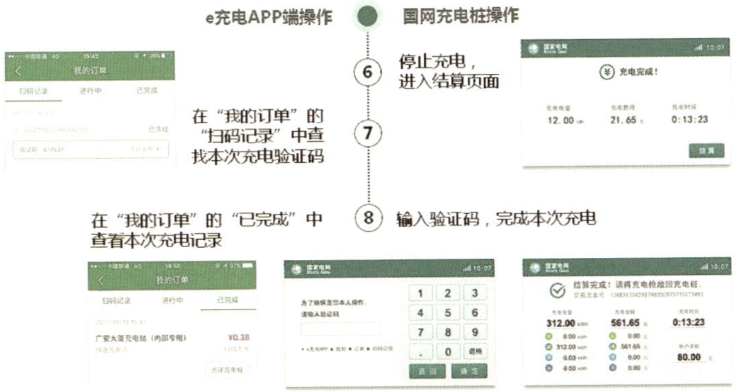
e充电APP端操作
国网充电桩操作
6
停止充电，进入结算页面
7
在“我的订单”的“扫码记录”中查找本次充电验证码
8
输入验证码，完成本次充电
在“我的订单”的“已完成”中查看本次充电记录

图4-14　结束充电界面

（5）最后，客户可以点击评价，给这次充电体验评分和提出整改意见，如图4-15所示。

选择要点评的充电桩
“我的订单”中选择“已完成”，点击“点评充电桩”
填写点评
打分，写评语，并支持上传照片
查看点评
“我的”中选择“点评记录”

图4-15　客户点评界面

83. 如何关注“国网e充电”微信公众号？

客户可以直接在微信手机客户端“添加朋友”栏里进行“国网e充电”公众号搜索，然后点击“国网e充电 ”进行关注即可，如图4-16所示。

14:43
返回
国网e充电
国网e充电
微信号：sg-evs
功能介绍
e充电，e生活。国网e充电依托国家电网覆盖广阔、技术先进、标准统一的电动汽车充电服务网络，为您提供安全、优质的充电服务。e充电伴您绿色出行！
帐号主体
国网电动汽车服务有限公司
客服电话
95598
客服人员
客服Test
查看历史消息
查看地理位置
关注

图4-16　关注“国网e充电”微信公众号界面

第二节 e充电网站服务

84. e充电网站的网址是什么？

e充电网站的网址是：http://www.echargenet.com。

85. 如何在e充电网站进行注册与登录？

e充电网站和e充电APP 客户端的账号和密码共享一个账户体系，客户只需要在e充电APP或e充电网站进行注册，两者皆可登录，如图4-17所示。

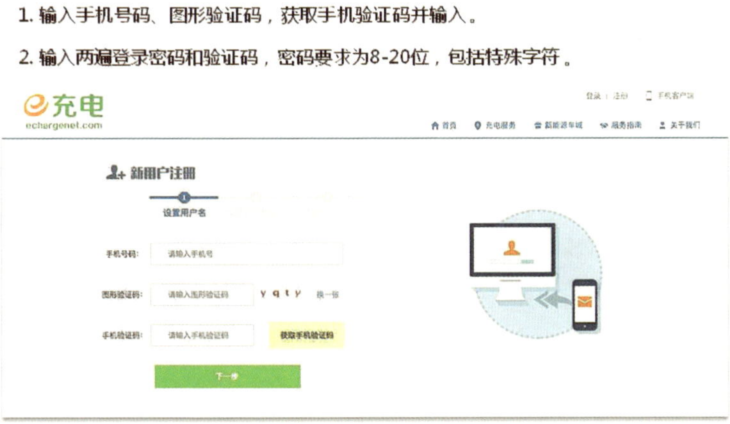

图4-17 e充电网站注册界面

注册之后即可登录，如图4-18所示。

输入手机号码、密码和图形验证码，点击“登录”。

图4-18　e充电网站登录界面

客户登录之后即可进行修改密码的操作，如图4-19所示。

在“登录”页点击“忘记密码”；
输入手机号、图形验证码和短信验证码；

输入新密码和图形验证码；
点击“提交”以完成密码重置。

图4-19　修改密码操作

86. 在e充电网站可以进行哪些操作？

客户可以在e充电网站进行充电桩查找、实用信息查询、账户注册、账户登录、个人主页查询、充电记录查询、发票的申请及查询、退费申请以及查询、销卡申请和查询、修改密码等操作。

87. 如何在e充电网站上查找充电桩？

客户可以在e充电网站上查找充电桩，如图4-20所示。

面向社会用户，展示充电设施地图。搜索关键词查询充电站位置及充电桩详情。

图4-20 充电桩查找界面

显示充电地图后，客户也可以进行线路规划，如图4-21所示。

输入起点和终点，智能规划路线。实时路况帮助指引最佳路线，提高车辆的使用效率。

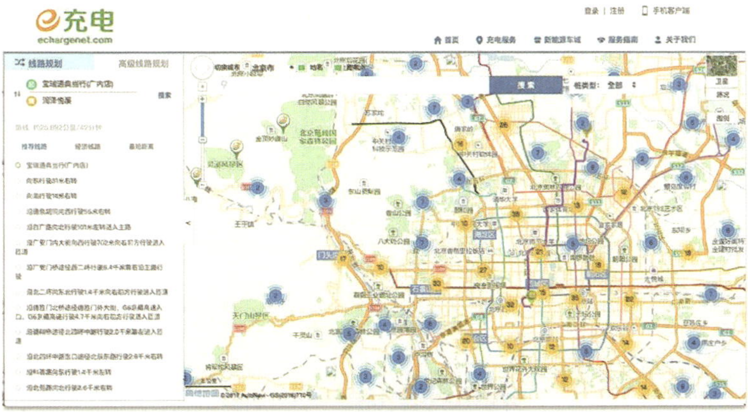

图4-21 路线规划界面

88. e充电网站提供了哪些实用信息查询？

e充电网站提供了和电动汽车用户行车、充电等息息相关的实用信息查询，包括充电过程说明、车辆使用成本对比、常见问题解答、意见及建议、联系客服等功能。如图4-22所示。

e充电
echargenet.com
登录 | 注册
手机客户端
首页
充电服务
新能源车城
服务指南
关于我们
最新公告
充电过程说明
使用成本对比
常见问题
意见及建议
联系客服
发票申请须知
营业厅
最新公告
国家电网高速公路快充网络上线运营公告
2017年1月19日
亲爱的电动汽车用户：
在您的持续大力支持下，国家电网高速公路快充网络建设快速推进，至2016年底已建成以“六纵六横二环”高速公路为骨干网架的高速公路快充网络，详细站点分布见附图。
获取详细信息敬请访问国家电网“e充电”互动网站（网址：www.echargenet.com），也可垂询统一客户服务热线：95598（拨95598-1-7），更加详细说明见与本公告一同发布的《国家电网高速公路快充网络服务指南（2017年版）》。
亲爱的朋友们，我们将以更专业化的服务，让您的爱车畅通无阻，欢迎您使用并多提宝贵意见和建议，感谢您对我们一如既往的关注和支持！
附件：
国家电网高速公路快充网络服务指南（2017版）
国家电网高速公路快充网络图（2017版）

图4-22　实用信息显示界面

89. e充电网站的个人主页中包含了哪些客户信息？

客户的个人主页信息如图4-23所示。个人主页中显示用户账户相关信息，包括个人资料、账户余额、积分、交易记录等。

客户可以在个人主页中进行账户信息的查询和修改，如图4-24所示。

客户还可以在个人账户信息中进行充值及查询，如图4-25所示。

客户也可以进行充电交易记录明细的查询，如图4-26所示。

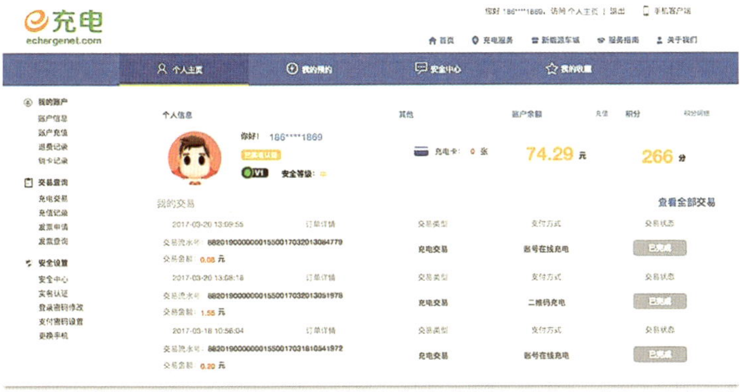

图4-23　客户的个人主页信息

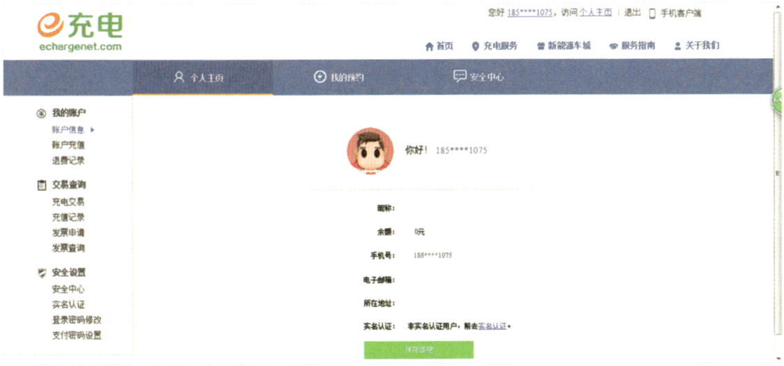

图4-24　账户信息查询和修改

点击左侧菜单“账户充值”进入充值页面，支持支付宝充值。

用户可点击充值记录查询充值交易明细。

图4-25　账户充值界面图

图4-26　充电交易记录明细查询

90. 如何在e充电网站上获取电子发票？

实名制充电卡用户可关联“e充电”电子账户后通过“e充电”网站申请开具发票，也可在营业网点申请开具发票。增值税电子普通发票样板如图4-27所示，在网站上直接下载或者在营业厅直接下

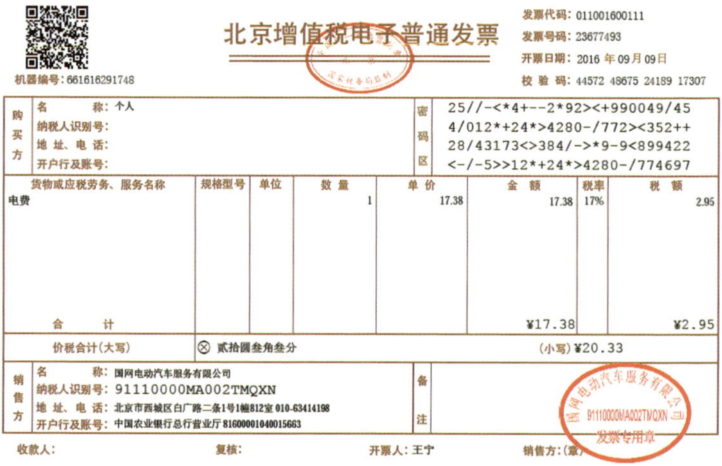

北京增值税电子普通发票

机器编号：661616291748

发票代码：011001600111
发票号码：23677493
开票日期：2016 年 09 月 09 日
校 验 码：44572 48675 24189 17307

购买方　名　　称：个人
纳税人识别号：
地 址、电 话：
开户行及账号：

密码区：
25//-<*4+--2*92><+990049/45
4/012*+24*>4280-/772><352++
28/43173<>384/->*9-9<899422
<-/-5>>12*+24*>4280-/774697

货物或应税劳务、服务名称	规格型号	单位	数 量	单 价	金 额	税率	税 额
电费			1	17.38	17.38	17%	2.95
合　计					¥17.38		¥2.95

价税合计（大写）　⊗ 贰拾圆叁角叁分　　（小写）¥20.33

销售方　名　　称：国网电动汽车服务有限公司
纳税人识别号：91110000MA002TMQXN
地 址、电 话：北京市西城区白广路二条1号1幢812室 010-63414198
开户行及账号：中国农业银行总行营业厅 81600001040015663

备注

收款人：　　复核：　　开票人：王宁　　销售方：（章）

图4-27　增值税电子普通发票样板

载打印即可。增值税专用发票由国网电动汽车服务有限公司统一开具并免费邮寄。

91. 如何在e充电网站上根据充电交易记录进行电子发票申请及查询？

客户可以在e充电网站上根据充电交易记录进行电子发票申请和查询，如图4-28和图4-29所示。

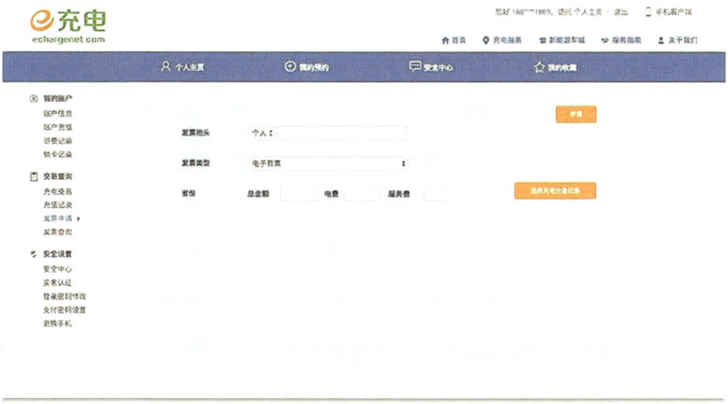

图4-28　电子发票申请界面

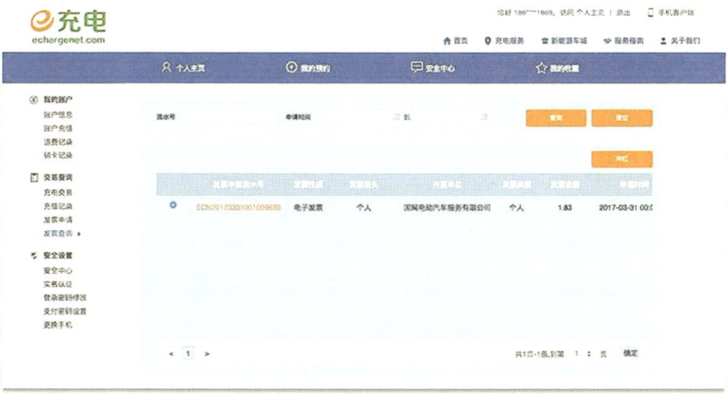

图4-29　电子发票查询界面

92. 如何在e充电网站上申请退费？

客户可以在网站上申请退费，退费需要提供信息，具体如图4-30所示。

可查询退费记录，也可申请退费。

图4-30　退费申请界面

93. 如何在e充电网站上修改密码？

客户可以在e充电网站的“安全中心”栏里进行密码修改的操作，如图4-31所示。

可进行实名认证，密码修改，支付密码设置与修改，更换手机号等账户设置。

图4-31　修改密码界面